Verständliche Wissenschaft Band 97

K. L. Wolf

Tropfen, Blasen und Lamellen

oder

Von den Formen flüssiger Körper

Mit 79 Abbildungen

Springer-Verlag Berlin Heidelberg GmbH

Herausgeber der Naturwissenschaftlichen Abteilung:
Prof. Dr. Karl v. Frisch, München

Prof. Dr. K. L. Wolf
Institut für Physik und Chemie
der Grenzflächen
6761 Marienthal über Rockenhausen

ISBN 978-3-540-04378-2 ISBN 978-3-662-00926-0 (eBook)
DOI 10.1007/978-3-662-00926-0

Umschlaggestaltung: W. Eisenschink, Heidelberg

Ursprünglich erschienen bei Springer-Verlag Berlin Heidelberg New York 1968.
Library of Congress Catalog Card Number 68-55370.
 Titel-Nr. 7230

Inhaltsverzeichnis

1. Formen flüssiger Körper

Feste Stoffe sind dadurch ausgezeichnet, daß sie als von ebenen Flächen und geraden Kanten begrenzte Körper („Kristalle") auftreten (Abb. 1), die sich durch große Regelmäßigkeit (Symmetrie) und Schönheit auszeichnen (Abb. 2), sofern nur die Bildung etwa aus der Lösung oder Schmelze hinreichend langsam und ungestört geschieht. Die Zahl möglicher Formen ist, wenn man von Größenunterschieden, Verwachsungen, Verzerrungen u. dgl. absieht, beschränkt; die Übergänge von der einen zur anderen der möglichen (Symmetrie-) Formen sind diskontinuierlich. Systematisch wird die Mannigfaltigkeit der (möglichen und existenten) kristallinen Körper zusammenfassend dargestellt durch sieben Kristallsysteme, die ihrerseits in 32 — aus den 230 allein möglichen räumlichen Symmetriearten („Raumgittergruppen") ableitbare — Kristallklassen aufspalten.

Dieses Verhalten fester Stoffe ist, wenigstens als Phänomen, weithin bekannt. Demgegenüber verbindet man mit Flüssigkeiten, indem man sie gemeinhin als „amorphe" Erscheinungsform des Stoffes anzusehen gewöhnt ist, i.a. nicht die Vorstellung wohldefinierter, charakteristischer Formen; demzufolge ist es auch kaum üblich, von flüssigen Körpern zu sprechen. Und doch bilden auch Flüssigkeiten, wenn auch von den äußeren Bedingungen in höherem Maße abhängig, so ebenfalls durch ganz bestimmte räumliche Auswahlprinzipien systematisch erfaßbare, diskontinuierlich ineinander überführbare, regelmäßige Gestalten aus, die an Schönheit denjenigen fester Körper nicht nachstehen. Diese *Formen flüssiger Körper* an ihren vorzüglichsten Vertretern als da sind *Tropfen, Blasen und Lamellen* zu illustrieren, ist das Ziel der folgenden Betrachtungen, die damit einen wesentlichen Teil der Morphologie der Flüssigkeiten umfassen. Die beschriebenen Versuche sind dabei so gewählt, daß sie fast alle mit einfachen Mitteln ausgeführt werden können.

Abb. 1. Kalkspatkristalle von prismatischem Habitus

2. Tropfbarkeit, Kohäsion, Oberflächenspannung

a) Die Kugelform des Tropfens

Die am unmittelbarsten in die Augen springende Eigenschaft der Flüssigkeiten, die man oft geradezu als das ansieht, was sie

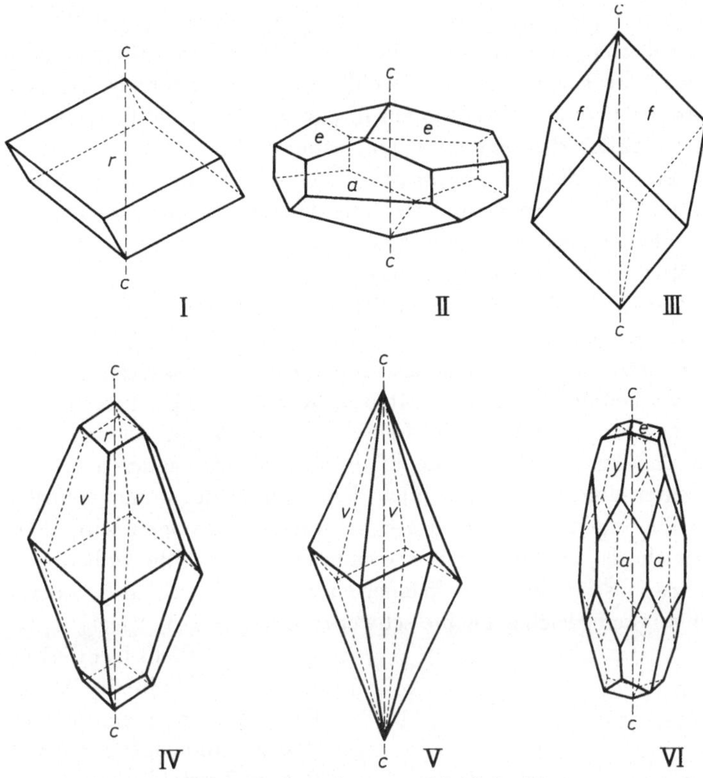

Abb. 2. Idealgestalten von Calcitkristallen

phänomenologisch von den festen Stoffen unterscheidet, ist ihre Tropfbarkeit, d.h. ihre Fähigkeit, mehr oder weniger symmetrische Formen von Tropfen auszubilden. So alltäglich das Auftreten von Tropfen etwa im Tau oder im Regen ist, so blieb doch die Problematik der Tropfengestalt lange unbeachtet. Der allen Tropfenformen eigene Bezug auf die Kugel wurde nicht gesehen oder als Teilhabe an der vollkommensten Gestalt einfach hingenommen. Zudem erschien wohl das Phänomen unscheinbarer als die Vielfalt der unmittelbar durch ihre Schönheit ansprechenden Kristallformen. Im Sinne der heutigen Wissenschaft vordergründig wurden die mit der Tropfbarkeit verbundenen Erscheinungen im 17. Jahrhundert, und zwar vorzüglich bei Erörterungen über das Phänomen des Aufsteigens von Flüssigkeiten in engen Röhren (Capillarität). Von daher wollte man die Tropfengestalt zuerst mit dem Luftdruck in einen ursächlichen Zusammenhang bringen. Erst nachdem Beobachtungen in der Academia del Cimento die Existenz der Phänomene auch im luftleeren Raum hatten erkennen lassen, konnten *s'Gravesande* (1688—1742) und *Muschenbrock* (1692—1761) den Grund der mit der Tropfbarkeit zusammenhängenden Erscheinungen in den flüssigkeitsinneren Anziehungskräften (Kohäsionskräften) erkennen.

Die Urgestalt des Tropfens ist die Kugel. Man ersieht das unmittelbar daraus, daß eine sich selbst überlassene, allen äußeren Einwirkungen entzogene, also nur noch den flüssigkeitsinternen „zwischenmolekularen" Kräften ausgesetzte endliche Flüssigkeitsmenge genau die Form der Kugel annimmt. Voraussetzung dafür ist, daß der zu betrachtende flüssige Körper, von anderen äußeren Kräften abgesehen, auch noch dem Einfluß der unter normalen Bedingungen stets wirksamen Schwerkraft entzogen wird. Man erreicht das in einfacher Weise dadurch, daß man die zu beobachtende Flüssigkeitsmenge in einer mit ihr nicht mischbaren anderen Flüssigkeit gleicher Dichte schweben läßt (Abb. 3). Geeignet für eine diesbezügliche Demonstration ist o-Toluidin in Wasser oder Wasser in einem entsprechend zusammengesetzten Gemisch aus Tetrachlorkohlenstoff und Heptan. Auf diese Weise kann man kugelförmige Tropfen von fast beliebiger Größe herstellen. Diese lassen sich, wenn man sie durch Stoßen mit einem Glasstab stört, wohl vorübergehend verformen, kehren aber alsbald wieder in den Ausgangszustand zurück; ist die mechanische Einwirkung des Stoßes stark, so zerfallen sie in kleinere, aber wiederum genau kugelförmige Tropfen und Tröpfchen.

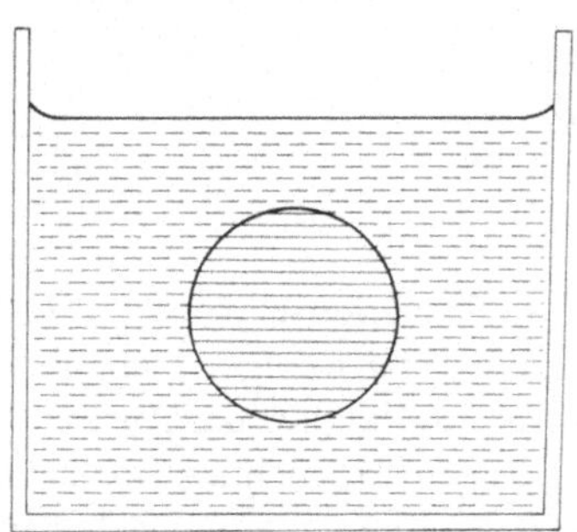
Abb. 3. Frei schwebender Tropfen

Gleichsam das Negativ des Tropfens stellen Gasblasen in Flüssigkeiten dar, indem hier eine innere anstatt der äußeren Flüssigkeitsoberfläche gleicher Art vorliegt. Auch sie erstreben Kugelgestalt. Man kann dies beim Aufsteigen von Gasblasen in Flüssigkeiten leicht beobachten; doch treten hier unter der Wirkung der (auftreibenden) Schwerkraft und der Bewegung mehr oder minder starke Abplattungen ein. Die Annäherung an die exakte Kugelform ist dabei um so besser, je kleiner die Blasen sind.

Gleichsam die Kombination von Tropfen und Blase ist, da sie sowohl eine äußere wie eine innere Oberfläche besitzt, die einen Gasraum allseitig umschließende Flüssigkeitslamelle, die — in Form der einfachen Seifenblase der Kugelform schon weitgehend angenähert — exakte Kugelgestalt annimmt, wenn man sie, etwa durch Füllung mit einem geeigneten Wasserstoffluftgemisch, in der Luft frei schweben läßt.

b) Kohäsion und Oberflächenspannung

Um nun die Frage zu beantworten, was die sich selbst überlassene Flüssigkeit veranlaßt, Kugelgestalt anzunehmen, gehen wir auf das Phänomen der *Kohäsion* und den daraus abzuleitenden Begriff der Oberflächenspannung zurück. Zwischen den Molekülen eines jeden Stoffes bestehen Anziehungskräfte, sogenannte zwischenmolekulare Kräfte, die, indem sie der zerstreuenden Wirkung der Temperatur entgegnen, erst den Zusammenhalt (die „Cohäsion") der Moleküle in der kondensierten Form der Flüssigkeit (und des Kristalles) bewirken. Will man eine gegebene zusammenhängende Flüssigkeitsmenge in kleine Teile zerlegen, so muß man entsprechende Arbeit gegen diese Kohäsionskräfte leisten. Man definiert demgemäß als Kohäsionsarbeit ζ der Flüssigkeit diejenige Arbeit, die beim glatten, mit keinerlei Fließvorgängen verbundenen, also sehr schnellen Zerreißen eines Flüssigkeitsstabes (etwa eines Strahles) von 1 cm^2 Querschnitt zu leisten ist. Da bei diesem Vorgang insgesamt 2 cm^2 neuer Oberfläche entstehen, kann man auch, wie es zuerst *J. A. v. Segner* um die Mitte des 18. Jahrhunderts tat, auf die Einheit der Oberfläche als Grundlage einer geeigneten Meßgröße beziehen. Man bezeichnet diese durch die Beziehung

$$\sigma = \zeta/2 \tag{1}$$

bestimmte Größe als die Oberflächenspannung; diese wird als die zur Vergrößerung der Oberfläche um die Flächeneinheit aufzuwendende Arbeit in Einheiten von Arbeit pro Fläche oder Kraft pro Länge gemessen. Sie hat als längenspezifische Kraft im üblichen cgs-System der heutigen Physik die Dimension erg/cm^2 oder dyn/cm und wirkt stets senkrecht zur Oberfläche.

Die Art dieser längenspezifischen Kräfte versteht man in einfacher Weise, wenn man sich die Flüssigkeit als aus einer annähernd dichten Packung (kugelförmiger) Atome oder Moleküle bestehend vorstellt, die sich mit nur über wenige Molekülländen wirksamen Kräften gegenseitig anziehen. Dadurch steht jedes im Innern der Flüssigkeit befindliche Teilchen unter einem allseitig symmetrisch wirkenden Druck, während die in der Oberfläche befindlichen Moleküle einen senkrecht (s. Abb. 4) zur Oberfläche stehenden einseitigen Zug erfahren, demzufolge sie bestrebt sind, soweit wie möglich in das Innere der Flüssigkeit einzudringen. Da Moleküle in Flüssigkeiten, entsprechend der für sie ebenfalls charakteristischen Eigenschaft der Fließbarkeit, leicht gegeneinander verschiebbar sind, bewirkt die oben als Oberflächenspannung σ formal eingeführte Kraft, daß Flüssigkeiten die unter den gegebenen Umständen jeweils kleinstmögliche Oberfläche annehmen; das ist bei alleiniger Wirkung der zwischenmolekularen Kräfte die Kugelgestalt.

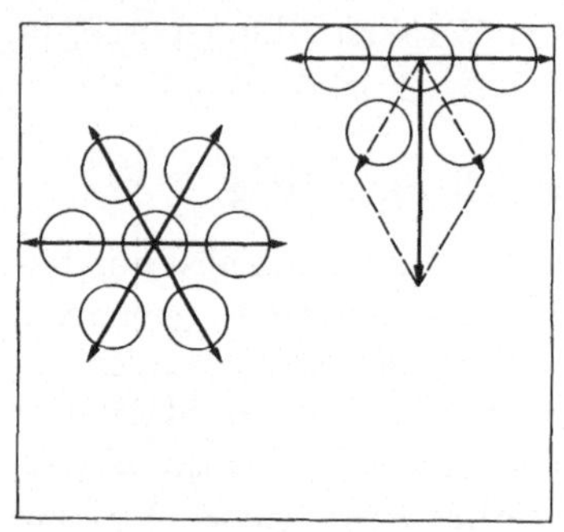

Abb. 4. Wirkung der zwischenmolekularen Kräfte im Innern und in der Oberfläche

c) Versuche und Demonstrationen

Wir verdeutlichen die Wirkung der Oberflächenspannung im Hinblick auf unsere späteren Betrachtungen an einigen Beispielen:

1. Der aus einem runden Rohr abfallende Tropfen ist im Augenblick des Abreißens infolge der Wirkung der Schwerkraft in Richtung der Senkrechten verlängert und weicht dadurch von der Kugelgestalt ab. Sobald er nach dem Abreißen dem deformieren-

den hydrostatischen Druck nicht mehr ausgesetzt ist, strebt er der Kugelgestalt zu. Dabei schwingt die bei diesem Ausgleich in innere Bewegung gekommene Flüssigkeit infolge ihrer Trägheit über das Ziel hinaus, der Tropfen plattet sich quer zur Senkrechten ab, strebt erneut der Kugelgestalt zu usf. (s. Abb. 5).

2. Ein Flüssigkeitsstrahl fließt aus einem Rohr elliptischen Querschnitts aus. Der freie Strahl strebt sofort nach dem Austreten, seine Oberfläche maximal zu verkleinern, d. h. kreisförmigen Querschnitt anzunehmen. Dabei schießt er wiederum übers Ziel, plattet sich quer zur Richtung der ursprünglichen Verformung ab, schwingt durch kreisförmigen Querschnitt in die Ausgangsform zurück usf. (s. Abb. 5).

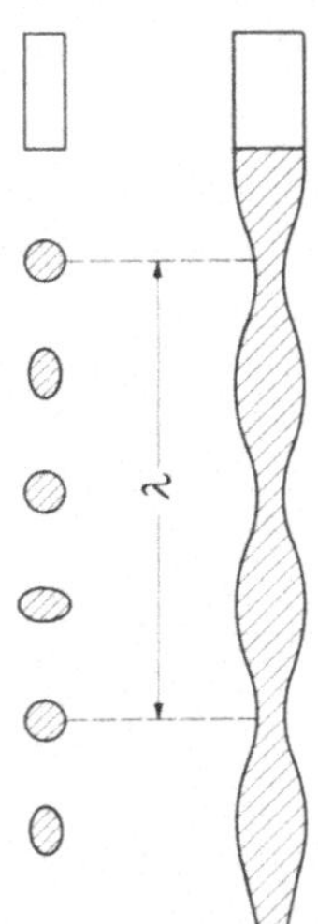

Abb. 5. Schwingender Tropfen und schwingender Strahl

Beides, sowohl der schwingende Tropfen wie der schwingende Strahl geben die Grundlagen für Verfahren zur Messung der Oberflächenspannung.

3. Ein einfacher Drahtring überspannt sich, wenn er in eine Seifenlösung getaucht war, mit einer dünnen am Draht haftenden Flüssigkeitslamelle. Durchsticht man diese Lamelle mit einer mit etwas Alkohol befeuchteten Nadel, so zieht sich die Seifenlösung entsprechend der dadurch gegebenen Oberflächenverkleinerung auf den Ring zurück. Knüpft man in den Ring nach Art von Abb. 6a eine kleine Schlinge und erzeugt wieder durch Eintauchen in die Lösung die Lamelle, so hängt der Faden zunächst ungespannt in willkürlicher Form in der Lamelle. Durchsticht man nun die Lamelle innerhalb der Schlinge, so spannt sich diese unter dem Einfluß der an ihrem Umfang angreifenden Oberflächenspannung kreisförmig auf (Bild 6b), da von allen ebenen Figuren gleichen Umfangs der Kreis die größte Fläche und die Fläche der verbleibenden Restlamelle somit den unter den gegebenen Umständen kleinstmöglichen Wert hat.

4. Legt man nach Art von Abb. 7 quer über eine Lamelle einen an gegenüberliegenden Gerüstteilen befestigten, nur locker gespannten Faden und zerstört auf einer Seite dieselbe, so verkleinert sich der heil gebliebene Lamellenteil wieder maximal; das ist dann der Fall, wenn der Faden die Form eines Kreisbogens annimmt.

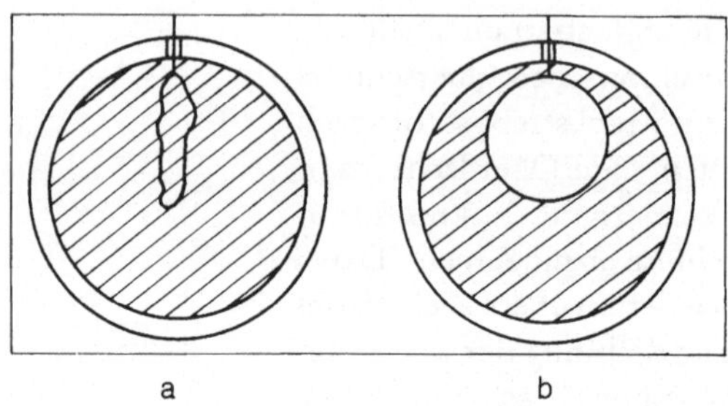

Abb. 6. Seifenlamelle mit eingelegter Schlinge

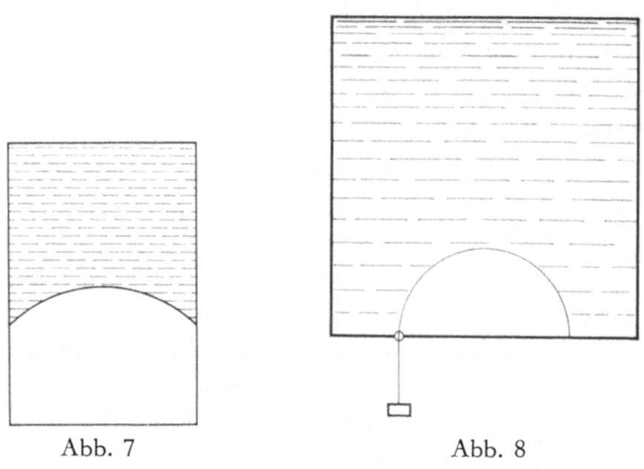

Abb. 7 Abb. 8

Abb. 7. Seifenlamelle mit losem Faden

Abb. 8. Seifenlamelle mit Faden variabler Länge

5. Noch instruktiver zeigt das gleiche der folgende, schon von VAN MENSBRUGGHE angegebene Versuch: An einer Seite eines Drahtvierecks wird in einem Abstand von etwa einem Viertel der Kantenlänge von der Ecke ein Faden befestigt, durch eine auf der gleichen Seite symmetrisch zur anderen Ecke angebrachten Öse gezogen und mit einem kleinen Gewicht beschwert (Abb. 8).

Sticht man nach Eintauchen in die Seifenlösung wieder die Lamelle innerhalb des Fadens durch, so zieht dieser sich je nach der Größe des Gewichtes zu einem Halbkreis oder einem Kreisbogen aus.

6. Bringt man in die Oberfläche einer Lamelle ein Polygon, dessen Ecken als Gelenke fungieren und durchsticht die Lamelle innerhalb des Polygons, so bildet diese sich so um, daß das bei vorgegebener Länge der Seitenflächen größte Polygon entsteht. Es ist dasjenige Polygon, dessen Ecken auf einem Kreisumfang liegen, bei Gleichheit aller n Seiten also das regelmäßige n-Eck (s. Abb. 9).

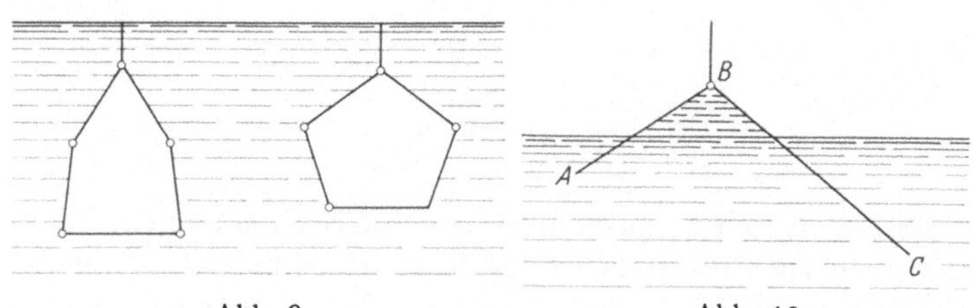

Abb. 9. Seifenlamelle im Gelenkpolygon

Abb. 10. Seifenlamelle mit ungleichschenkligem Drahtwinkel

7. Gleichfalls aus dem Bestreben, die unter den gegebenen Umständen kleinstmögliche Lamellenoberfläche auszubilden, ist der folgende Versuch zu verstehen: Ein gewinkeltes Drahtstück ABC mit den ungleichen Schenkeln AB und BC wird, an einem Faden aufgehängt, in eine Seifenlösung getaucht (s. Abb. 10) und aus dieser langsam herausgezogen. Unabhängig vom Verhältnis AB/BC der Schenkellängen stellt sich der Draht, sobald die Ecke B sich über den Flüssigkeitsspiegel erhebt, stets so ein, daß die zwischen ihm und der ebenen Oberfläche vertikal ausgespannte Lamelle möglichst klein ist, d.h. ein gleichseitiges Dreieck bildet (Abb. 10).

3. Der Krümmungsdruck und die Grundgleichung

a) Der Krümmungsdruck

Die im Innern einer Flüssigkeit befindlichen Teilchen unterliegen, wie oben gesagt, einem allseitig wirkenden — bis zu mehrere Tausend Atmosphären betragenden — Binnen- oder

Kohäsionsdruck. Auf die Oberfläche wirkt sich diese Kohäsion, in der wir den Ursprung der Oberflächenspannung erkannten, im Sinne eines senkrecht auf diese ins Flüssigkeitsinnere gerichteten Zuges aus. Wird die Oberfläche gekrümmt, so erfährt dieser Zug oder Druck von Art und Größe der Krümmung abhängige Änderungen. Ist die Oberfläche nach außen konkav (Abb. 11 rechts),

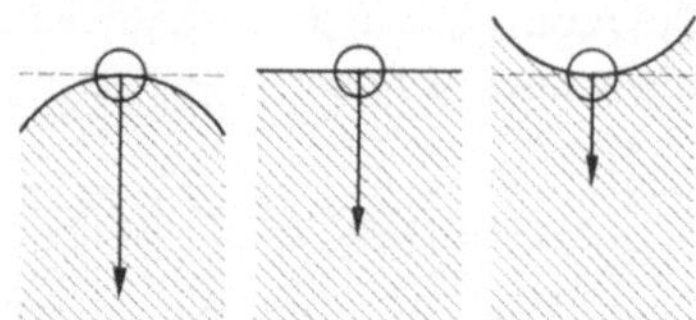

Abb. 11. Zwischenmolekularer Druck an gekrümmten Oberflächen

so überlagert sich der nach innen gerichteten Wirkung des unterhalb des ebenen Flüssigkeitsspiegels liegenden Bereichs ein dieser entgegen wirkender Einfluß der oberhalb der Ebene befindlichen Teilchen; dadurch wird der auf ein Teilchen in der Mulde nach innen ausgeübte Zug kleiner gegenüber demjenigen, dem das gleiche Teilchen in ebener Oberfläche ausgesetzt wäre. Die Krümmung wirkt sich also so aus, als stünde auf der Oberfläche ein zum Krümmungsmittelpunkt gerichteter zusätzlicher Druck p_k, den wir als *Krümmungsdruck* bezeichnen. Analog ergibt sich für eine konvexe Oberfläche ein ebenfalls zum Krümmungsmittelpunkt, also jetzt nach innen gerichteter Zusatzdruck p_k.

Der formale Zusammenhang zwischen Oberflächenspannung, Krümmung und Krümmungsdruck ergibt sich für eine kugelig gekrümmte Oberfläche in einfacher Weise wie folgt: Wird durch ein in eine Flüssigkeit tauchendes Rohr Luft gedrückt, so entsteht eine — bei hinreichender Kleinheit halbkugelige — Luftblase (s. Abb. 12). Sei deren Radius r, ihre Oberfläche O und ihr Volu- V, also

$$O = 4\pi r^2 \quad \text{und} \quad V = 4\pi r^3/3\,,$$

so sind die mit einer differentiellen Vergrößerung Δr des Radius verbundenen Oberflächen- bzw. Volumenänderungen gegeben zu

$$\Delta O = 8\pi r\,\Delta r \quad \text{und} \quad \Delta V = 4\pi r^2\,\Delta r\,.$$

Die bei der gedachten differentiellen Vergrößerung der Blase gegen die Oberflächenkräfte zu leistende mechanische Arbeit kann nun sowohl als Oberflächenarbeit $\sigma\,\Delta O$ angesehen werden wie auch als Volumenarbeit $p_k \Delta V$, wobei p_k gleich dem die Vergrößerung bewirkenden, im Blaseninnern anzusetzenden Druck ist. Da beide Arbeitsbeträge im Falle des Gleichgewichts einander gleich sein müssen, berechnet sich die Größe des Krümmungsdruckes durch Gleichsetzen beider Beträge zu

$$p_k = 2\,\sigma/r\,. \qquad (2)$$

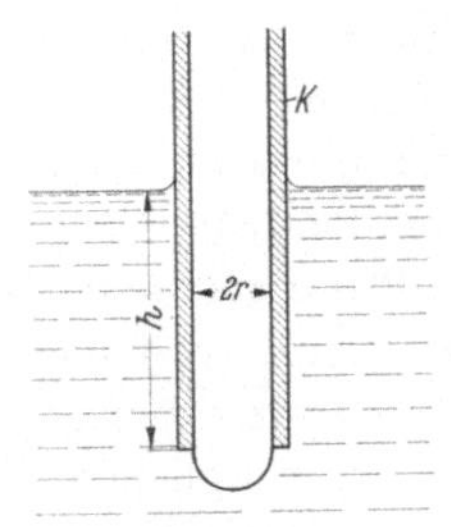

Abb. 12. Blasendruck in einer Flüssigkeit

Der Krümmungsdruck ist also bei gegebener Oberflächenspannung noch vom Krümmungsradius r abhängig in der Art, daß er um so größer ist, je größer die durch $1/r$ bestimmte Krümmung, d. h. je kleiner der Krümmungsradius r ist. Das zeigt instruktiv die Beobachtung, daß von zwei miteinander nach Art von Abb. 13 zur Kommunikation gebrachten, verschieden großen Seifenblasen jeweils die kleinere, dabei selbst schrumpfend, die größere aufbläst; wegen der zweiseitig ausgebildeten Oberfläche ist hier der Krümmungsdruck

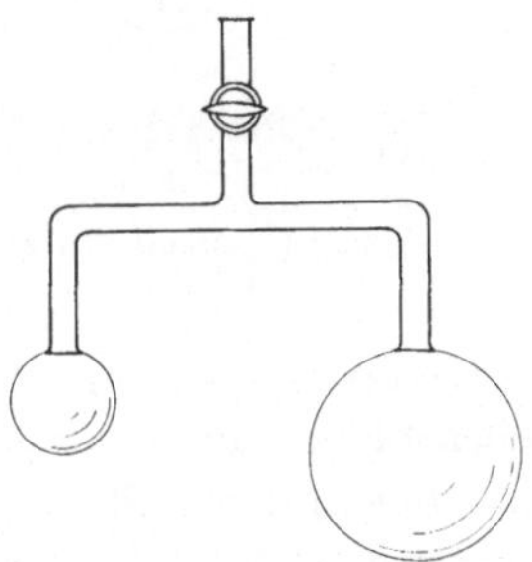
Abb. 13. Kommunizierende Seifenblasen

$$p_k = 4\,\sigma/r \qquad (2a)$$

zu setzen. Durch Einbau eines weiteren Hahnes in das Gerät der Abb. 13 kann jede der beiden Blasen getrennt erzeugt werden; füllt man jetzt die kleinere beim Aufblasen mit Zigarettenrauch, so sieht man diesen nach Herstellen der kommunizierenden Verbindung in die größere Blase strömen.

Da die Teilchen einer Flüssigkeit gegeneinander verschiebbar sind, muß auf der gesamten Oberfläche eines lediglich den Kohäsionskräften ausgesetzten Tropfens entsprechend der Beziehung

$$p_k = 2\,\sigma/r = \text{konstant} \qquad (3)$$

der gleiche Krümmungsdruck herrschen. Somit folgt auch aus der Existenz des Krümmungsdruckes, daß ein frei schwebender Tropfen kugelförmig aussehen muß. Bringt man nun diesen frei schwebenden Tropfen vom Radius r (etwa aus Wasser) in einer geeigneten Mischung zweier Flüssigkeiten gleicher Dichte mit einer kreisrunden, von der Tropfenflüssigkeit (Wasser) benetzbaren Platte in Berührung, so daß diese an ihr haftet und sich über die Platte ausbreitet, so bildet der Tropfen sich um und nimmt die Form einer Kugelkalotte vom konstanten Krümmungsradius $r' > r$ an (s. Abb. 14a—c); dessen Größe ist durch das Verhältnis des ursprünglichen Kugeldurchmessers und des Plattendurchmessers bestimmt.

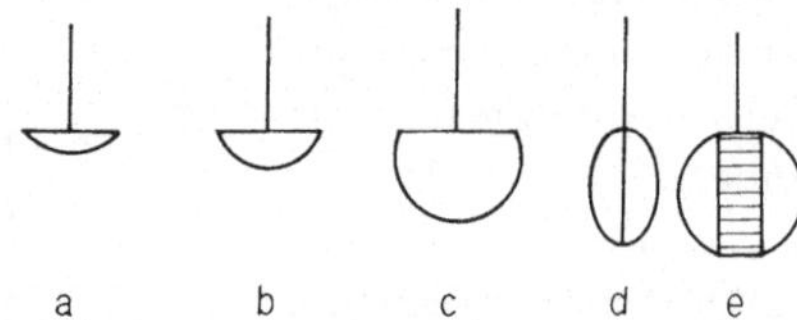

Abb. 14. Kugelkalottenform haftender, frei schwebender Tropfen

Unterteilt man einen frei schwebenden Tropfen mit Hilfe einer ebensolchen Platte (s. Abb. 14d), so bilden sich zwei Kugelkalotten mit der Platte als Grundfläche. Die Krümmungsradien dieser Kalotten sind, wenn der Tropfen nicht symmetrisch geteilt war, verschieden. Bringt man, indem man in der Mitte der Platte ein Loch anbringt, die beiden ungleichen Hälften miteinander in kommunizierende Verbindung, so tritt (analog wie oben bei den beiden ungleichen Seifenblasen) Ausgleich ein, indem die stärker gekrümmte Kalotte die andere „aufbläst". Verwendet man anstatt der Platte einen (benetzbaren) Ring mit breitem Rand, so erhält man, sofern nur der Ringdurchmesser nicht kleiner als der ursprüngliche Kugeldurchmesser ist, einen am Ring haftenden (durchsichtigen) Flüssigkeitskörper von der Form einer exakt sphärischen Bikonvexlinse (Abb. 14e). Indem man diesem Körper mit Hilfe einer Spritzpipette Flüssigkeit hinzufügt oder wegnimmt, kann man die Krümmung und damit die Brennweite der Flüssigkeitslinse kontinuierlich ändern. Bringt man einen solchen Ring konzentrisch in den Tropfen, so erhält man, wenn der Tropfen groß genug war, zunächst eine Bikonvexlinse und daraus durch sukzessives Absaugen nach Durchgang durch die ebene planparallele Platte schließlich eine Bikonkavlinse. Durch entsprechende Kombination solcher Flüssigkeitslinsen kann man Fernrohre jeder Art zusammenstellen, deren Brennweiten durch Zugabe oder Absaugen von Flüssigkeit eingestellt werden können.

Aus der Wirkung des vom hängenden (Halb-)Tropfen ausgehenden, nach innen gerichteten Krümmungsdrucks ist die Beobachtung zu verstehen, daß Flüssigkeit aus einem am Boden mit einer feinen Nadel durchstochenen (Abb. 15) Reagenzglas — sofern Benetzung etwa durch Paraffinieren des Lochrandes vermieden wird — nicht vollständig ausläuft: Füllt man das Glas mit Flüssigkeit, so tropft diese ab, so lange der hydrostatische Druck p_H größer ist als der Krümmungsdruck p_k. Sobald p_H mit abnehmender Höhe H der Flüssigkeitssäule den Wert von p_k erreicht hat, sobald also

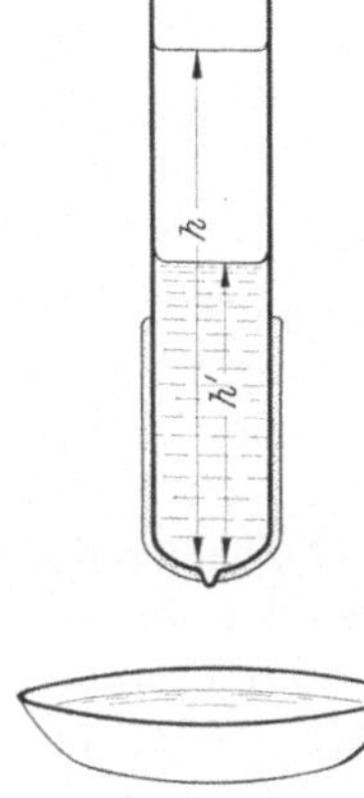

Abb. 15. Krümmungsdruck und hydrostatischer Druck am Flüssigkeitstropfen

$$\varrho g H = 2\sigma/r \tag{4}$$

geworden ist, besteht Gleichgewicht; die Flüssigkeit kann nicht mehr weiter austropfen. Dieses Verfahren kann auch quantitativ zur Messung des Krümmungsdrucks und, bei Kenntnis der Größe der Ausflußöffnung, zur Bestimmung der Oberflächenspannung verwandt werden.

Der frei schwebende Tropfen hat, nur der Wirkung der Kohäsionskraft ausgesetzt, über die gesamte Oberfläche gleichbleibende Krümmung und damit Kugelform. Das gilt nicht mehr, wenn der Tropfen dem Einfluß der Schwerkraft ausgesetzt ist.

Im *liegenden Tropfen* steht der der Flüssigkeit eigenen Tendenz zur Bewahrung der Kugelgestalt die abplattende Wirkung von (nicht benetzbarer) fester Unterlage und Schwerefeld entgegen. Die Form des auf horizontaler Basis liegenden Tropfens wird, da Rotationssymmetrie in Hinsicht auf die senkrechte Mittelachse besteht, durch die Meridiankurve hinreichend veranschaulicht. Abb. 16 gibt derartige Kurven für Wassertropfen verschiedenen

Abb. 16. Liegende Tropfen

Volumens in natürlicher Größe wieder. Die Form des Tropfens nähert sich mit abnehmender Größe immer mehr der Kugel. Das folgt daraus, daß die Wirkung der Schwerkraft mit dem Volumen, also proportional r^3, diejenige der Oberflächenkräfte dagegen nur proportional der Oberfläche, also nur mit r^2 gehen, so daß bei konkurrierender Wirkung beider mit abnehmender Größe der Einfluß der Kohäsion sich stärker durchsetzt.

Noch vielgestaltiger als die Formen des liegenden sind diejenigen des *hängenden Tropfens*. Einige Gleichgewichtsformen desselben gibt Abb. 17 wieder; auch sie lassen noch den Bezug auf die Kugel erkennen.

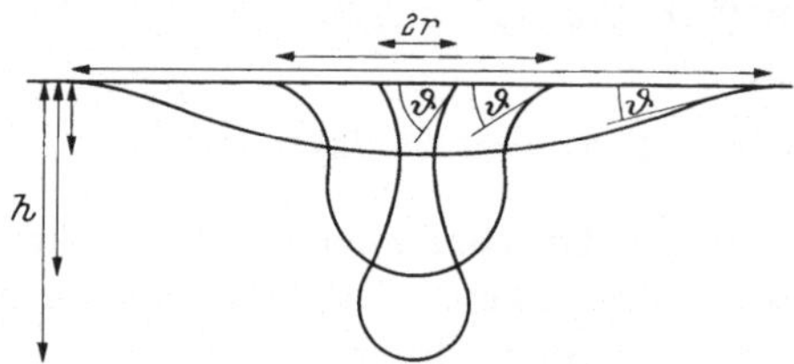

Abb. 17. Hängende Tropfen

In den hier durch die liegenden und hängenden Tropfen vertretenen Fällen wird die — jetzt von Punkt zu Punkt der Oberfläche variierende — Flächenkrümmung, wie die Differentialgeometrie zeigt, anstatt durch *einen*, durch zwei Krümmungsradien r_1 und r_2 bestimmt zu $1/r_1 + 1/r_2$. Diese bezeichnen ein

einzigen Minimalflächen unter den Rotationsflächen. Sie lassen sich, wie Abb. 22 zeigt, liniengetreu auf (die ihnen „adjungierten") Wendelflächen abbilden.

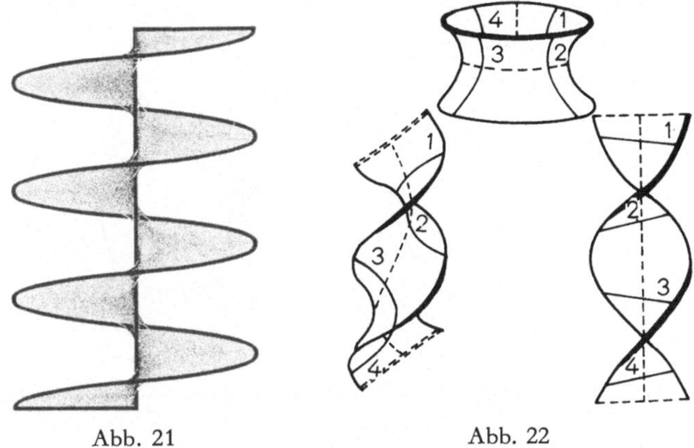

Abb. 21 Abb. 22

Abb. 21. Wendelflächenlamelle

Abb. 22. Abbildung des Katenoids auf die Wendelfläche

Die Aussage der Gauß-Laplaceschen Gleichungen nach Art der Gln. (3) und (7) ist von sehr allgemeiner Form. Sie entspräche im Gebiet der kristallin-festen Körper etwa dem Satz, Kristalle seien Raumgitter. Während bei diesen aber die mathematische Disziplin der Gruppentheorie die Hilfsmittel bietet, diese Raumgitter abzählbar zu machen, sie in Familien, Gattungen und Arten zu gliedern und einzeln darzustellen, führt Gl. (7), wie gesagt, in das schwierige Gebiet der Differentialgleichungen zweiter Ordnung und damit auf mathematisch größtenteils noch nicht gelöste oder nicht lösbare Probleme. Die grundsätzlich alle Möglichkeiten umfassende Gauß-Laplacesche Differentialgleichung gibt also die für die existierenden flüssigen Oberflächen gültigen Auswahlregeln wohl an. Sie verlagert aber zugleich die Frage nach der geometrischen Form auf ein diffiziles Gebiet der Mathematik. Speziell für den Fall des in Abb. 35 wiedergegebenen windschiefen Tetraedervierecks konnte der Mathematiker H. A. SCHWARTZ in einer von der Berliner Akademie der Wissenschaften preisgekrönten Arbeit 1867 die zugehörige analytische Funktion angeben. Ein Beispiel dafür, daß in der gleichen Umrahmung mehrere Minimalflächen bestehen können, gibt Abb. 23. Die beiden Lamellenkörper, deren eines das berühmte Möbiussche Band darstellt, können durch leichtes Anblasen gegenseitig ineinander umgewandelt werden.

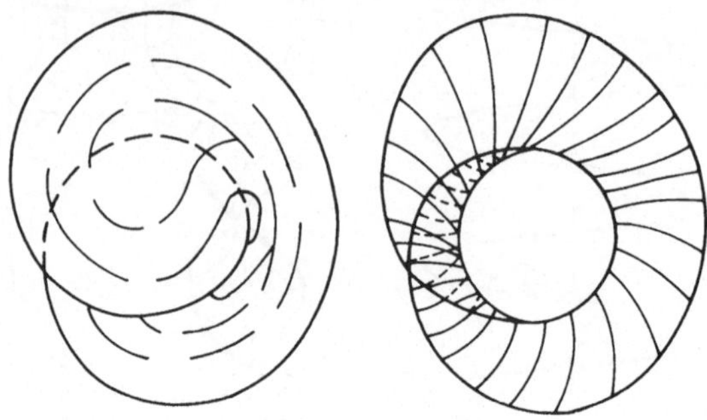

Abb. 23. Zwei verschiedene Minimalflächenlamellen im gleichen Gerüst

Umgekehrt bedeutet die Herstellung einer Lamellenfläche in einer vorgegebenen Umrandung stets eine praktische Lösung der Differentialgleichung. Will man die so erhaltenen, oft recht komplizierten Flächen genauer untersuchen, so kann man sie durch Abnahme eines Gipsabdruckes fixieren. Man erreicht das z.B. dadurch, daß man den — besser nicht aus Seifenlösung, sondern — aus einer Gelatinelösung hergestellten Körper mitsamt seinem Gerüst in die Lösung eines hochmolekularen Stoffes eintaucht und auf den dabei erhaltenen milchig-trüben, meist leicht spröden Körper nach dessen Erhärtung Gips aufgießt.

Man kann auch auf solche Minimalflächen — ähnlich wie wir es oben auf ebenen Lamellen taten — einen geschlossenen (Kokon-)Faden legen und die Lamelle innerhalb des vom Faden umschlossenen Bereiches durchstechen. Der Faden spannt sich dabei wiederum zur Form des unter den gegebenen Umständen größten Loches auf. Da die Fläche nicht eben ist, hängt die Größe der maximalen Lamellenflächeneinsparung jetzt aber auch von der Lage des Loches auf der Fläche ab. Demzufolge wandert der Faden auf der Fläche so lange, bis er die Stelle maximalen Effektes erreicht hat. Es ist das jeweils die Stelle kleinster Gaußscher Krümmung $1/r_1 \cdot 1/r_2$. Man beobachtet diese Erscheinung besonders schön auf stark gesattelten Lamellenflächen.

4. Blasen und Schäume

a) Blasen

Den einfachen Tropfen — etwa von Flüssigkeiten in Gasen oder mit ihnen nicht mischbaren Flüssigkeiten und von Gasblasen in Flüssigkeiten — stehen, diese gleichsam potenzierend, Gebilde von der Art der Seifenblasen mit innerer und äußerer Flüssigkeitsoberfläche gegenüber. Flüssigkeitskörper dieser Art bezeichnen wir wegen der weitesten Verbreitung der aus wäßriger Seifenlösung bereiteten diesbezüglichen Gebilde kurz als „seifenblasenartig"; sie sind in großer Mannigfaltigkeit realisierbar und realisiert. Wir haben sie immer dann vor uns, wenn eine dünne Flüssigkeitshaut (Lamelle) oder eine Kombination ebener oder krummflächiger Lamellen Gasräume oder Flüssigkeitsräume unterteilen und gegeneinander abgrenzen. Die einfachste Gruppe derartiger Lamellenkörper stellen die einen inneren von einem äußeren Gasraum scheidenden Kugellamellen vor und, ihnen homolog, die einen inneren von einem äußeren Flüssigkeitsraum trennenden Kugellamellen, wie sie etwa aus Wasser in mit diesem nicht mischbaren Flüssigkeiten erzeugt werden können. Wie die oben bereits in die Betrachtung eingezogenen urtümlichen Seifenblasen unterliegen diese Flüssigkeitsblasen ganz allgemein der Bedingung der Gl. (7.), nach welcher der in ihrem Inneren herrschende Druck denjenigen der umgebenden Atmosphäre stets um den durch den Krümmungsdruck p_k gegebenen Betrag $4\sigma/r$ überschreiten muß. Durch diesen Überdruck ist, bei gegebener Oberflächenspannung, der Blasenradius festgelegt.

Von den beiden Gruppen der mit Gas und der mit Flüssigkeit gefüllten Flüssigkeitsblasen betrachten wir vorzüglich die gasgefüllten Blasen in einer Gasatmosphäre. Die Bildung einer solchen Blase, etwa durch Aufblasen mit einem Glasrohr, vollzieht sich analog der Bildung eines Flüssigkeitstropfens am Ausflußrohr (Abb. 24). Da sie am äußersten Ende des Blasenrohrs erfolgt, können wir, indem wir dieses auf einen dünnen (Draht-)Ring reduziert denken, den Vorgang der Blasenbildung wie folgt vollziehen: Der Ring wird, wie oben schon öfter geübt, mit einer ebenen Lamelle der Flüssigkeit überspannt. Wird auf diese, etwa durch direktes Anblasen oder durch schnelle Bewegung senkrecht zur Lamellenfläche, ein Druck ausgeübt, so beult sie sich nach Art eines Sackes aus, dessen Meridianschnitte mit zunehmendem Druck eine den Formen der Abb. 17 analoge Reihe von Formen durchlaufen. Wie sich das Rohr, von dem ein Flüssigkeitstropfen sich ablöst, wieder mit einer neuen (in diesem Falle halbkugeligen) Oberfläche abschließt (s. Abb. 24), so überzieht sich auch der Ring beim Ablösen der Blase mit einer — jetzt flüssigkeitsärmeren, also dünneren — neuen ebenen Lamelle. Dabei bilden sich, analog wie beim Lösen des Tropfens vom Rohr (s. Abb. 24, rechts), ein oder mehrere, dem flüchtigen Beobachter leicht entgehende Nebentröpfchen.

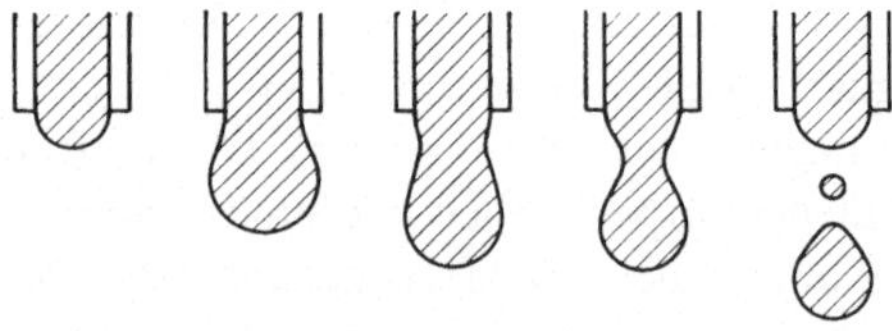

Abb. 24. Tropfenbildung am Ausflußrohr

Läßt man nach dem Aufblasen durch ein Rohr die Blase (durch dieses) mit der äußeren Atmosphäre kommunizieren, so bläst sie, sich stetig verkleinernd, den in ihrem Inneren bestehenden Überdruck p_k wieder ab. Da der Blasendruck mit abnehmender Blasengröße zunimmt, erfolgt dieses Abblasen beschleunigt und kann dadurch bis zum deutlichen Pfeifton gesteigert werden. Der Überdruck p_k kann durch Verbindung mit einem Manometer auch direkt gemessen werden.

Flüssigkeitsblasen können aus jeder beliebigen Flüssigkeit hergestellt werden. Bereitung, Beständigkeit und erreichbare Größe hängen jedoch in hohem Maße von der Art der verwandten Flüssigkeit ab. Bei chemisch einheitlichen Flüssigkeiten wie Wasser, Glycerin oder Quecksilber stellt man das in einfacher Weise dadurch fest, daß man durch aufsteigende Gasblasen halbkugelförmige Lamellenkörper auf deren Oberfläche erzeugt. Bei Quecksilber kommt man dabei kaum über 1,5 cm Lamellendurchmesser, bei Wasser hingegen leicht über 10 cm hinaus. Diese aus chemisch einheitlichen Flüssigkeiten gebildeten Blasenkörper haben meist nur eine sehr kurze Lebensdauer. Die größte und — wie wir sehen werden — beständigsten Blasen erzeugt man aus Lösungen, voran solchen von fettsauren Salzen („Seifen"), Saponin, Eiweiß und ähnlichen Stoffen in Wasser sowie aus Mischungen von Kolophonium und Öl oder aus Glasschmelzen.

Ein Maß für die Beständigkeit von Flüssigkeits-Lamellen bzw. -Blasen gibt deren Lebensdauer. Da diese durch äußere Einflüsse wie Feuchtigkeit und Kohlensäuregehalt der Luft, einseitige Erwärmung, Verdampfen, mechanische Erschütterungen u. dgl. sehr stark abgekürzt werden kann, muß man, soll die Stabilität durch die Lebensdauer charakterisiert werden, die Lamelle solcher Einwirkung möglichst entziehen. Das erreicht man in verhältnismäßig einfacher Weise dadurch, daß man die zu beobachtenden Lamellenkörper in geschlossenen Gefäßen, etwa in einer Flasche, herstellt und ruhig aufbewahrt. Da die Stabilität der Blasen auch von ihrer Größe abhängt, und zwar in der Art, daß große Blasen verhältnismäßig unstabil sind, muß bei vergleichenden Beobachtungen an Blasen aus verschiedenen Flüssigkeiten auf vergleichbare Blasengröße bezogen werden. Auch die maximal erreichbare Blasengröße gibt Aufschluß über die Eignung einer Flüssigkeit zur Bildung stabiler Lamellenkörper.

Nach dieser Art der Beurteilung erweisen sich, worauf oben bereits hingewiesen wurde, chemisch einheitliche Flüssigkeiten u.a. in Hinsicht auf die Bildung von Lamellenkörpern als verhältnismäßig wenig, Lösungen nach Art der üblichen Waschmittel als gut geeignet. Zugabe von Stoffen, welche, wie etwa Zucker oder Glycerin bei wäßrigen Lösungen, die Abgabe von Lamellenflüssigkeit erschweren und deren Viskosität erhöhen, vergrößert die Stabilität. Durch Beachtung dieser Umstände können mit geeigneten Lösungen Blasengrößen von mehreren Dezimetern und Lebensdauern von Jahren erreicht werden. Als gut erweisen sich u.a. wäßrige Lösungen von Natriumoleat mit Zusatz von Zucker oder Glycerin und Spuren von Ammoniak oder Alkylaminen. Blasen extremer Größe erhält man mit wäßrigen Lösungen von Natrium-*n*-Decyl-sulfonat. Aus Lösungen von Guttapercha in Schwefelkohlenstoff bereitete Blasen erstarren beim Abdampfen des Lösungsmittels und bleiben dann über Wochen und Monate bestehen, bis sie schließlich pulvrig zerfallen. Schmelzen von Harz mit Guttapercha und Wachs lassen sich zu sehr feinen Lamellen aufblasen, die — erhärtet — nach Stunden in Staub zerfallen. Eine aus fünf Teilen Kollophonium und einem Teil Guttapercha bei 150 °C hergestellte Schmelze liefert an Luft schnell erstarrende, jahrelang haltbare Lamellenkörper. Blasen fast beliebiger Größe mit sehr dünnen Wandstärken liefern Glasschmelzen; diese werden an der Atmosphäre schnell zäher und besitzen nach dem Erstarren fast unbegrenzte Haltbarkeit. Auf diesem Verhalten beruht die Kunst der Glasbläserei.

Die Beständigkeit ist auch von der Dicke der Lamelle abhängig. Die mittlere Lamellendicke kann man dadurch bestimmen, daß man mit verschiedenen Gemischen aus Wasserstoff und Luft aufbläst. Wenn eine der so erhaltenen Blasen in der Luft frei schweben bleibt, ihr mittleres spezifisches Gewicht also demjenigen der Atmosphäre gleicht, kann aus der Größe der Blase, dem spezifischen Gewicht der Flüssigkeit und demjenigen des Gasgemisches die Dicke der Lamelle berechnet werden. Bei Seifenlösungsblasen erhält man auf diese Weise Werte der Lamellendicke von 10^{-4} bis 10^{-5} cm. Genauere Werte gewinnt man durch Interferenzfarbenverfahren.

Die Dicke der Blasenhaut ist, wie die Möglichkeit stetiger Verkleinerung und Vergrößerung der Blase durch Änderung des inneren Gasdruckes zeigt, innerhalb weiter Grenzen variabel. Eine frisch hergestellte Flüssigkeitslamelle ist meist so dick, daß Interferenzfarben in sichtbarem Licht nicht auftreten. Durch Abgabe von Flüssigkeit, die in Form eines Tröpfchens an der Blase hängen bleibt, strebt die Lamelle einer Gleichgewichtsdicke zu. An dem sich auf einer Seifenlösungsblase alsbald nach der Entstehung entwickelnden Spiel von Interferenzfarben kann dieser Vorgang verfolgt werden. Bei glycerinhaltigen Seifenwasserblasen ist der Endzustand im Bereich der Interferenzfarben erster Ordnung, also bei Dicken von etwa 10^{-5} cm erreicht. Bei Fehlen des Glycerins wird die Blasenlamelle bei etwa 10^{-6} cm so dünn, daß Interferenzfarben nicht mehr auftreten und die Blase farblosschwarz erscheint.

Die Geschwindigkeit, mit der die Lamellenflüssigkeit abfließt, ist i.a. klein; sie hängt außer von der Zähigkeit von der jeweils erreichten Dicke selbst ab. Für Seifenwasser beträgt der innerhalb einer senkrecht gelagerten ebenen Lamelle zurückgelegte Weg der absinkenden Flüssigkeit bei einer Lamellendicke von 0,01 mm etwa 0,1 mm in der Sekunde, bei einer Dicke von 0,0002 mm aber nur noch etwa ebensoviel in der Stunde. Die natürliche Alterung der Blasen geschieht demzufolge hauptsächlich zu Beginn von deren Existenz; schwarze Blasen ändern, sofern Verdampfung ausgeschlossen wird, ihre Dicke so gut wie nicht mehr. Die oben erwähnten, die Lebensdauer erhöhenden Glycerinzusätze haben u.a. die Funktion, durch Vergrößerung der Zähigkeit den Prozeß der Alterung zu verlangsamen. Bei Seifenwasserblasenlamellen zeigt das mit dem Abnehmen der Lamellendicke einhergehende Spiel der Interferenzfarben oft große örtliche und zeitliche Schwankungen an. Meist zeichnen sich, in unregelmäßiger Verteilung und Folge, schon sehr bald einzelne dunkle Inseln ab; bei Blasen aus chemisch einheitlichen Flüssigkeiten tritt diese Erscheinung nicht auf.

Dem die Stabilität fördernden Einfluß der Zähigkeit wirkt die kontrahierende Tendenz der Oberflächenspannung entgegen. Durch plötzliche mechanische Störungen werden die Blasen leicht (örtlich) verformt. Lösungen, welche Stoffe enthalten, die — wie etwa Waschpulver — schon in kleiner Konzentration die Oberflächenspannung der Blasenflüssigkeit stark herabsetzen (d.h. „oberflächenaktiv" sind), können solche Störungen abfangen: sie reagieren auf örtliche Vergrößerungen der Blasenoberfläche infolge von Verarmung an oberflächenaktivem Stoff durch eine den Ausgleich der Verformung befördernde Erhöhung der Oberflächenspannung. Dem entspricht es, daß nicht solche Lösungen, bei denen die Oberflächenspannung bereits den kleinstmöglichen Wert erreicht hat, sondern solche, bei denen die Oberflächenspannung am empfindlichsten auf Änderungen der Konzentration c an oberflächenaktivem Stoff anspricht, bei denen also der Konzentrationsgradient $d\sigma/dc$ möglichst groß ist, die stabilsten Lamellen bilden. Bei Blasen aus zähflüssigen Schmelzen hoher Oberflächenspannung, z.B. solchen aus geschmolzenem Glas, bei denen der Ausgleich der Verformung durch Selbstregulierung der gerade besprochenen Art nicht gegeben ist, gewährleistet die große Zähigkeit η zusammen mit der großen Oberflächenspannung einen ausgleichenden Schutz gegen schockartige Störungen. Dabei kommt dem Quotienten η/σ aus Viskositätskoeffizienten η und Oberflächenspannung σ eine entscheidende Bedeutung zu.

Unter dem Einfluß von Krümmungsdruck und Viskosität können Flüssigkeitsblasen oszillatorische Schwingungen ausführen, die ihrerseits wieder Möglichkeiten geben, das für die Stabilität von Blasen charakteristische elastische Verhalten zu prüfen. Läßt man eine Seifenblase auf die Oberfläche der Seifenlösung fallen, so wird sie elastisch reflektiert und dabei in Schwingung versetzt. Noch besser erzielt man den nämlichen Effekt, wenn man einer Seifenblase mit einem durch die Seifenlösung nicht benetzbaren Gerät von der Art eines Tennisschlägers Impulse erteilt. Für genauere Untersuchungen eignet sich die akustische Anregung der Schwingungen oder das Einbringen mit paramagnetischem Gas gefüllter Blasen in ein magnetisches Wechselfeld.

Flüssigkeitsblasen zerfallen, wenn sie mechanisch verletzt werden oder wenn sie extrem dünn geworden sind, mit deutlichem Geräusch in eine Anzahl von kleinen Tröpfchen. Das Zerplatzen erfolgt jedoch nicht, wie es den Anschein haben könnte, turbulent unter der sprengenden Wirkung des Füllgases. Der Zerfall vollzieht sich vielmehr, wenn er erst einmal eingeleitet ist, von der Störstelle aus fortschreitend in einem geordneten Ablauf. Zunächst ist die Lamelle bestrebt, sich zu einem einzigen Tropfen zusammenzuziehen. Dieser Vorgang setzt bei gegebener Lamellendicke d tatsächlich entsprechend der Beziehung $v = \sqrt{4\sigma g/\varrho d}$ mit so großer Geschwindigkeit v ein, daß er in Bruchteilen einer Sekunde mit der Umwandlung der Blase in einen Tropfen beendet wäre. Da jedoch die sich zurückziehende Flüssigkeit nicht schnell genug durch die dünne Lamelle abgeführt und gleichmäßig über die Blase verteilt werden kann, setzen periodische Stauungen ein. Durch diese entsteht am Rande der größer werdenden Öffnung alsbald ein ringförmiger Wulst, der nun, da er keine Gleichgewichtsform mehr darstellt

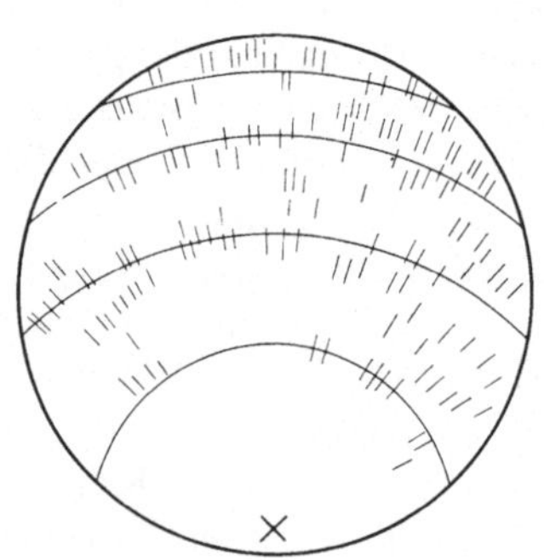

Abb. 25. Ablauf des Zerfalls einer ebenen Kreislamelle

(siehe weiter unten), seinerseits in eine Vielzahl von Tröpfchen zerfällt. Dieser Vorgang wiederholt sich an immer weiter werdenden neugebildeten Wulsten solange, bis die ganze Blasenlamelle in Tröpfchen aufgelöst ist. Am Beispiel des Zerfalles einer über einen Ring gespannten ebenen Lamelle kann man ihn leicht wie folgt festhalten: Die Lamelle wird über ein darunterliegendes schwach gefärbtes Papier gehalten und durch einen Stich in der Nähe des Randes (x in Abb. 25) der Zerfall eingeleitet. Die Spuren der sich bildenden Tröpfchen sind dann auf dem Papier zu erkennen. Der Versuch läßt, wie Abb. 25 zeigt, die Häufung der Tröpfchen auf ungefähr konzentrisch um die Störstelle verteilten Kreisausschnitten erkennen, deren jeder einem der nacheinander gebildeten und zerfallenden Wülste am Rande der sich zurückziehenden Lamelle zugehört. Auch Kunststoff- und Glaslamellen zerreißen in der gleichen Weise mit stets unregelmäßig gezacktem Reißrand.

b) Blasenkombinationen und Schäume

Wir gehen von der Einzelblase zu Blasenkombinationen über. Dabei ist zu beachten, daß — etwa im Stoß — sich treffende Blasen nicht ohne weiteres zu kombinierten Blasenkörpern vereinigt werden, sondern, da die ihnen anhaftende Luftschicht gleichsam polstert, wie elastische Kugeln wieder auseinandergehen. Ebenso vereinigt sich eine auf die Oberfläche einer Seifenlösung fallende Seifenblase i. a. nicht mit dieser. Diese mangelnde Bereitschaft von Flüssigkeitsblasen, sich spontan zu einer größeren Blase oder zu einer Kombination aneinander haftender Blasen zu verbinden, ist durch vielerlei einfache Versuche zu demonstrieren. Bringt man etwa auf einen Drahtring, dessen Durchmesser kleiner ist als der Blasendurchmesser, eine Seifenblase, so kann diese durch eine ebene Seifenlamelle durchgedrückt werden, ohne daß Blase und Lamelle sich vereinigten. Eine haftende Verbindung tritt auch nicht ein, wenn in einer größeren Blase eine kleinere aufgeblasen wird und die äußere Blase mit Hilfe zweier von ihr benetzter Drahtringe soweit gestreckt wird, daß die innere schließlich von den Wänden der äußeren zusammengedrückt wird. Ist der Lamellenflüssigkeit der einen beider Blasen ein fluoreszierender Farbstoff zugesetzt, so wird dieser bei der Berührung beider Blasen nicht auf die andere übertragen. Durch längeres Aneinanderpressen kann man Blasen jedoch schließlich immer zum gegenseitigen Haften bringen; die Nähe elektrischer Ladungen, etwa schon eines geriebenen Hartgummi- oder Kunststoffstabes, befördert die Vereinigung. Frisch bereitete Blasen und Blasen im Zustand der Bildung vereinigen sich dagegen leicht, wie am sinnfälligsten das Auftreten von Schäumen zeigt.

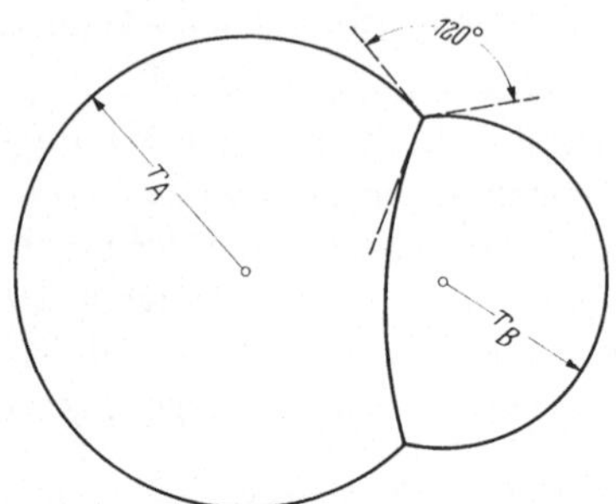

Abb. 26. Kombination von zwei Seifenblasen

In zwei miteinander nach Art von Abb. 26 verbundenen Flüssigkeitsblasen der Krümmungsradien r_A und r_B besteht notwendig ein verschiedener Überdruck p_k. Im Gleichgewicht muß infolgedessen die beiden Blasen gemeinsame Lamelle nach der Seite der größeren Blase als derjenigen, die unter dem geringeren Druck steht, durchgebogen sein, und zwar derart, daß der gesamte Krümmungsdruck, der von der größeren der beiden Blasen und der Zwischenlamelle in Richtung der kleineren wirkt, gleich dem Krümmungsdruck in der kleineren oder mit anderen Worten, daß

$$4\sigma/r_A + 4\sigma/r_{AB} = 4\sigma/r_B \tag{8}$$

oder

$$1/r_A + 1/r_{AB} = 1/r_B \tag{8a}$$

ist. Der Krümmungsradius der Zwischenlamelle ist also bestimmt zu

$$r_{AB} = r_A \cdot r_B (r_A - r_B)\,. \tag{9}$$

Sind beide Blasen gleichgroß, so wird $r_{AB} = \infty$, d.h. die den von beiden Blasen umschlossenen Gasraum symmetrisch trennende Lamelle ist eben. Ist $r_A = 2r_B$, so wird der Krümmungsradius r_{AB} der gemeinsamen Lamelle gleich demjenigen r_A der größeren.

Auf der Linie, längs derer die Zwischenlamelle an den beiden Blasenwänden ansetzt, berühren sich die Flüssigkeiten der drei Lamellen. Da die beiden ursprünglichen Blasen aus der gleichen Flüssigkeit gebildet sein sollten, die Oberflächenspannung in den drei Lamellen also überall die gleiche ist, folgt aus Symmetriegründen, daß überall dort, wo die drei Lamellen sich treffen, sie miteinander Winkel von 120° bilden müssen (s. Abb. 26). Daraus sowie aus den Bedingungen der Gl. (9) ergibt sich die Möglichkeit der geometrischen Konstruktion der Krümmungsmittelpunkte und -radien. Man entnimmt sie den Abb. 27 und 28. Die diesen Erfordernissen entsprechenden Blasenkombinationen sind wiederum Körper minimaler Oberflächenenergie.

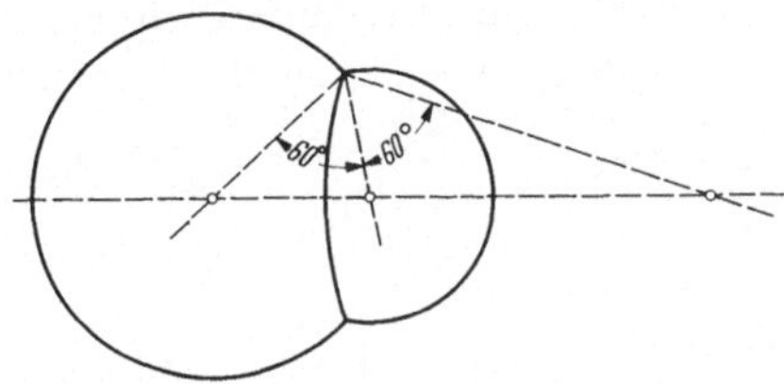

Abb. 27. Konstruktion des Krümmungsradius und des Mittelpunkts der Zwischenlamelle

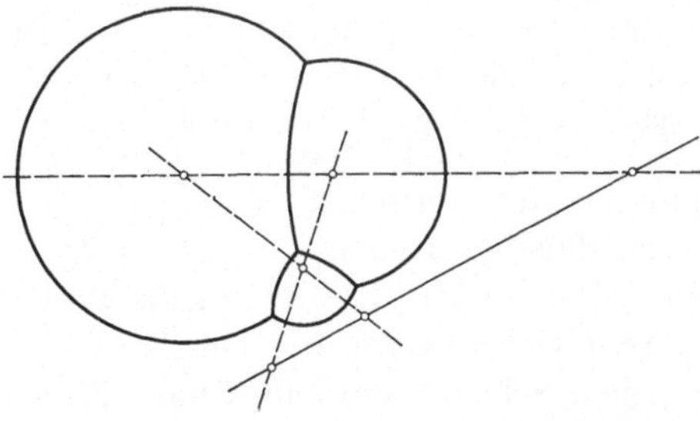

Abb. 28. Kombination von drei Seifenblasen

Sind vier aus der gleichen Lösung hergestellte, gleichgroße Blasen zu einem gemeinsamen Lamellengerüst zusammengeschlossen, so folgt wiederum aus Symmetriegründen, daß die Winkel, unter denen Lamellen sich in gemeinsamer Kante treffen, wie auch die räumlichen Winkel, unter denen diese Kanten sich in gemeinsamen Schnittpunkten treffen, je einander gleich sind. Dieser Forderung genügt die Kombination der vier Blasen, indem die Schnittkanten der (ebenen) Zwischenlamellen sich im Mittelpunkt eines Systems von tetraedrischer Symmetrie der Blasengruppierung unter dem Tetraedermittelpunktswinkel von 109°28′ schneiden. Bringt man die vier Blasen in einer Ebene zur Verbindung, etwa indem man sie nacheinander auf eine Glasplatte setzt, so würde eine Kombination nach Art der Abb. 29 der einfachen Symmetrieforderung wohl genügen. Setzt man vier gleichgroße halbkugelige Seifenlamellen in regelmäßig vierzähliger (quadratischer) Anordnung bei gegenseitiger Berührung auf die Platte, so bildet sich tatsächlich i.a. zunächst die dem Schnitt der Abb. 29 entsprechende Anordnung. Diese ist aber labil und schlägt fast augenblicklich in die stabile Gruppierung um, deren Schnitt in Abb. 30 wiedergegeben ist; in ihr stoßen, wie beim oben

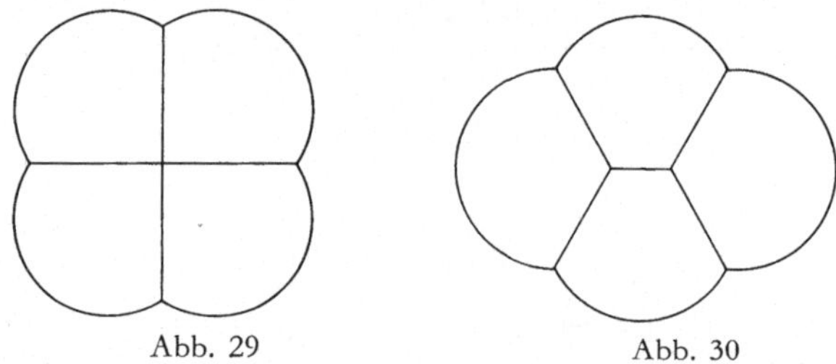

Abb. 29 Abb. 30

Abb. 29. Labile Vereinigung von vier Seifenblasen in einer Ebene

Abb. 30. Stabile Vereinigung von vier Seifenblasen in einer Ebene

genannten räumlich-tetraedrischen Analogon, in jeder Kante wieder nur vier flüssige Kanten unter jeweils untereinander gleichen Winkeln zusammen. Dieses Prinzip wird auch bei der Versammlung sehr vieler Blasen in einem *Schaum* gewahrt. Man kann das an jedem Schaum, etwa in Wein-, Bier- oder Milchflaschen erkennen; besonders gut sieht man es, wenn man den zu beobachtenden Schaum zwischen zwei Glasplatten erzeugt (s. Abb. 31). Kommen bei der Entstehung eines Schaumes, was oft zu beobachten ist, doch einmal vier Lamellen zum Schnitt in gemeinsamer Kante, so gleiten sie alsbald so übereinander hin, daß der Fehler verschwindet. Das entsprechende Lamellenspiel ist bei frisch bereiteten Schäumen oft recht lebhaft.

Schäume erweisen sich somit als geregelt strukturierte Kombinationen einer großen Anzahl von Flüssigkeitsblasen. Unbeschadet der aus der Bildung so mannigfaltig gegliederter Oberflächen und so zahlreicher Gaskammern sich ergebenden Vielfalt der Möglichkeiten gilt in Hinsicht auf Stabilität, Elastizität u. dgl. im Grunde das gleiche wie für die einzelne Flüssigkeitsblase. Dabei erweist sich die Vernichtung einmal gebildeter Schäume, etwa bei der Erzaufbereitung oder auf natürlichen Gewässern, meist als schwieriger als ihre Erzeugung. Die weit verbreitete Verwendung schäumender Detergentien in der Industrie und in den Haushalten stellt damit ein schwieriges Problem für die Reinhaltung der natürlichen Gewässer von Schäumen dar.

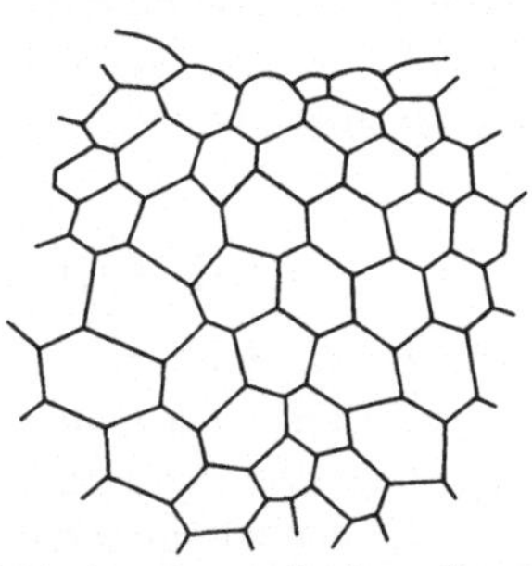

Abb. 31. Gerüst der Lamellen in einem Schaum

Wie gasgefüllte Blasen in gasförmiger Atmosphäre, so gibt es auch flüssigkeitsgefüllte Flüssigkeitsblasen in flüssiger Umgebung. So kann man z.B. ölgefüllte Seifenwasserblasen in Öl erzeugen, indem man einen Metallring durch die Grenzfläche zwischen einer wäßrigen Seifenlösung und dem darüberstehenden Öl auf und ab bewegt. Jedesmal wenn der Ring dabei von der Seifenlösung ins Öl übertritt, nimmt er eine ringförmige Seifenlamelle mit, die sich zur mit Öl gefüllten Blase schließt und im Öl schweben bleibt. Man kann sie auch dadurch erzeugen, daß man eine in der anderen nichtlösliche Flüssigkeit gleicher Dichte durch ein (dickes) Rohr, an dessen unterem Ende die erforderliche Menge der für die Blasenbildung bestimmten Flüssigkeit hängt, senkrecht in die Füllflüssigkeit eintaucht, das Rohr behutsam mit der zum Füllen der Blasen erforderlichen Flüssigkeitsmenge füllt und durch gleichmäßig schnelles Heben von der sich dabei an seinem Ende bildenden Blase abreißt. Auf diese Weise kann man z.B. Blasen von Öl in Wasser-Alkoholmischung, von Wasser in Mischungen von Kohlenwasserstoffen und Schwefelkohlenstoff oder von o-Toluidin in (Salz-)Wasser herstellen. Die Dicken der Blasenlamellen liegen dabei etwa in der Größenordnung von 0,1 mm und weniger.

Daß man schließlich auch beiderseits an verschiedene Medien, also etwa an Wasser und an Luft, grenzende Blasen bzw. Blasenkalotten erzeugen kann, sei der Vollständigkeit halber erwähnt. Dabei mögen durch die Unsymmetrie von äußerer und innerer Grenzfläche bedingte starke elektrische Grenzflächenpotentiale im Sinne einer (beobachteten) Erhöhung der Beständigkeit sich günstig auswirken.

5. Gerüstlamellenkörper

Wir haben schon mehrfach davon Gebrauch gemacht, daß man Lamellen über vorgegebene geschlossene Berandungen wie etwa Ringe oder windschiefes Viereck spannen kann. Wir wenden uns nunmehr der zusammenhängenden Betrachtung solcher in feste (Draht-)Gerüste einzuspannenden Lamellenkörper zu.

Bei der Betrachtung der Blasenkombinationen hatten wir bereits beobachtet, daß bei Lamellenkörpern, die aus einer Vielzahl aneinanderstoßender Lamellenflächen zusammengesetzt sind, nie mehr als vier flüssige Kanten an einer gemeinsamen flüssigen Ecke zusammenstoßen; dabei soll der von je zwei Flächen eingeschlossene Winkel 120°, der von je zwei Kanten eingeschlossene Winkel 109°28′ betragen. Dieses zuerst von LAMARLE auch theoretisch begründete (siehe weiter unten) Verhalten wollen wir noch durch einige weitere Beobachtungen bestätigen.

Taucht man ein Gestell zweier sich unter 90° schneidender Vierecke in eine Seifenlösung, so entstehen beim Herausziehen, obwohl das einer symmetrischen Lamellenkombination minimaler Energie Genüge täte, nicht etwa zwei sich unter 90° schneidende, die beiden Vierecke in je einfacher ebener Fläche überspannende Lamellen. Es bildet sich vielmehr eine unter 45 bzw. 135° zu den Ebenen der beiden Vierecke geneigte, freihängende Lamelle in der Form eines spitzwinkeligen sphärischen ebenen Zweiecks, von dem aus vier gesattelte Lamellen der mittleren Krümmung null zu den Seiten des Drahtgestells ausgespannt sind (s. Abb. 32). Verbindet man die beiden Drahtvierecke so, daß man sie mit Hilfe zweier in einem diametralen Eckenpaar angebrachten Gelenke um die gemeinsame (in Abb. 32 senkrecht liegende) Diagonallinie gegeneinander verdrehen kann, so zieht sich die freie Mittellamelle bei Vergrößerung des Winkelraumes, in dem sie sich befindet, immer mehr zusammen. In dem Augenblick, in dem ihre Fläche auf Null zusammengeschrumpft wäre, womit die Restlamellen sich in der Achsendiagonale unter 90° schneiden müßten, d. h. bei

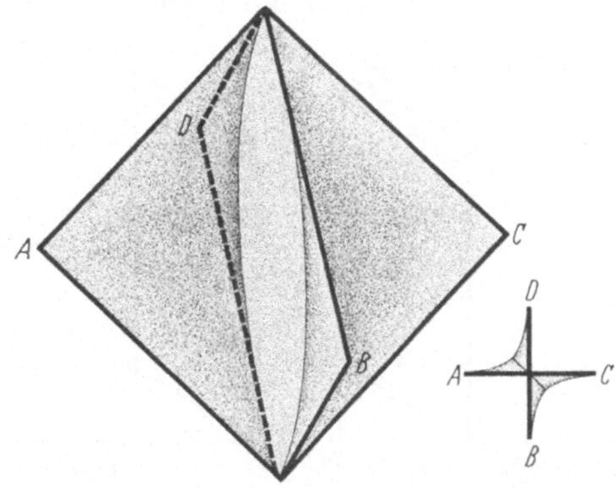

Abb. 32. Ausbildung von vier sich unter 120° schneidenden Lamellen

Erreichen von Winkeln von 90 bzw. 120° klappt sie sprunghaft in den komplementären Winkelraum. Bei sehr behutsamem Vorgehen gelingt es bisweilen, den labilen Zustand zu beobachten, in dem zwei ebene Lamellen sich unter 90° in der gemeinsamen Diagonalkante schneiden.

Aber auch wenn die Winkel, unter denen die Lamellenflächen sich schneiden, alle gleich 120° sind, kann sich kein stabiler Lamellenkörper ausbilden, sofern die Winkel, unter denen sich die flüssigen Kanten in Flüssigkeitsecken schneiden, wenn auch alle gleich, so doch nicht gleich 109°28′ sind. Wir bestätigen das durch die folgende Beobachtung: wir denken uns an einem würfelförmigen Drahtgestell nach Art von Abb. 33 alle 12 Kanten gleichmäßig mit nach dem Würfelmittelpunkt hin gerichteten ebenen Dreieckslamellen bespannt, wobei acht flüssige Kanten im Würfelmittelpunkt zum gemeinsamen Schnitt kämen. Dieser gedachte Lamellenkörper höchster Symmetrie stellte gewiß einen Lamellenkörper minimaler Energie vor. Auch schnitten sich nie mehr als drei Lamellen in einer flüssigen Kante und die Winkel, unter denen sie zum Schnitt kämen, betrügen, da die Kanten mit den dreizähligen Symmetrieachsen des Würfels zusammenfallen, 120°; auch die im Zentrum zusammentreffenden Kanten schnitten sich alle unter dem gleichen Winkel (70°32'). Taucht man nun aber einen Drahtwürfel in die Seifenlösung, so erhält man beim Herausziehen niemals den Lamellenkörper der Abb. 33, sondern einen von der Art der Abb. 34; in ihm gehen von den Ecken eines

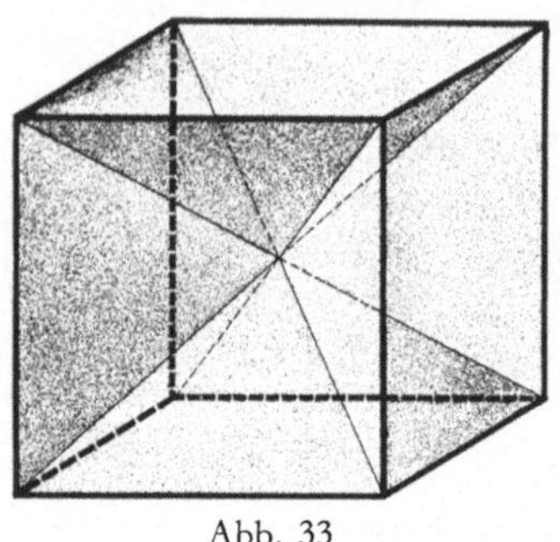

Abb. 33

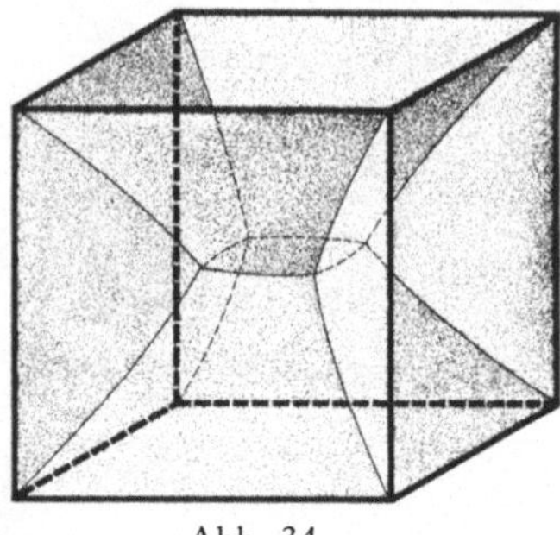

Abb. 34

Abb. 33. Hypothetischer Lamellenkörper im Würfelgestell
Abb. 34. Stabiler Lamellenkörper im Würfelgestell

in einer Mittelebene des Würfels an flüssigen Kanten frei aufgehängten Quadrates mit schwach gekrümmten Seiten ebene Dreieckslamellen nach vier der Würfelkanten und von seinen vier Seiten zu den übrigen acht Würfelkanten trapezförmige Lamellen aus. Dieser Körper entspricht nun tatsächlich allen an die Winkelverhältnisse zu stellenden Forderungen. Die rechten Winkel des „Quadrats", welche der geforderten Gleichheit aller Winkel zwischen flüssigen Kanten widersprächen, sind in der Art in die geforderten Werte von 109°28' überführt, daß die Quadratseiten an den Ecken hinreichend nach außen verbogen erscheinen; das hat schließlich noch zur Folge, daß die acht trapezoidalen Lamellen nicht eben sind, sondern schwach gesattelte Flächen der konstanten Krümmung Null darstellen. Erst dieser immerhin recht komplizierte Lamellenkörper tut allen oben angegebenen Forderungen Genüge. Unbestimmt bleibt der Würfelsymmetrie zufolge nur noch, in welcher der drei Mittelebenen sich das innere Flüssigkeitsquadrat ausbildet. Das hängt, exakte Symmetrie des Gestells vorausgesetzt, davon ab, wie man das Gerüst aus der Lösung hochzieht. In dem fertigen Lamellenkörper kann dann die quadratische Mittellamelle durch schwaches Anblasen leicht in die beiden anderen Mittelebenen umgeklappt werden.

Aus der Fülle anderer Versuche, welche die oben an die Lamellenkörper gestellten Forderungen bestätigen, seien noch die folgenden ausgeführt: Überspannt man einen Drahttetraeder durch Eintauchen in die Seifenlösung mit Lamellen, so erhält man den in Abb. 35a dargestellten Lamellenkörper, der allen Anforderun-

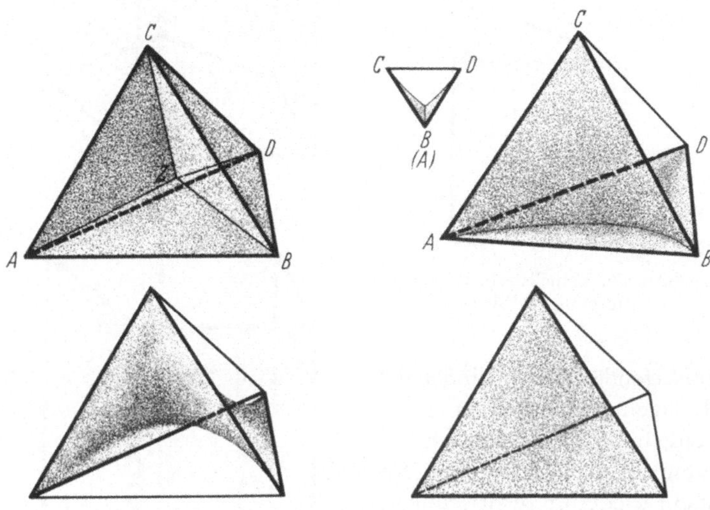

Abb. 35. Lamellenkörper im Tetraedergerüst

gen, wie man unmittelbar sieht, entspricht. Überzieht man ein dreiseitiges Prismengestell nach Art von Abb. 36 (oberes Bild) mit Lamellen, so bildet sich, wie Abb. 36 zeigt, in der Mittelebene ein aus flüssigen Kanten frei aufgehängtes sphärisches Dreieck, von dem aus schwach gesattelte Lamellen zu den Dreieckseiten und ebene Dreieckslamellen zu den seitlichen Prismenkanten gehen. Konstruiert man nun das Drahtgestell, etwa indem man die Prismakanten aus Kugelschreiberröhrchen herstellt, in der Art, daß es in Richtung der Prismenhöhe ausziehbar ist, so wird das flüssige Mitteldreieck mit wachsender Prismenhöhe, ohne daß an den allen Erfordernissen genügenden Winkelverhältnissen etwas geändert wird, stetig kleiner. Wenn die Höhe des Prismas den Wert erreicht hat, welcher gleich der halben Höhe des der Basisfläche aufgesetzten Tetraeders ist, würden entsprechend dem hier

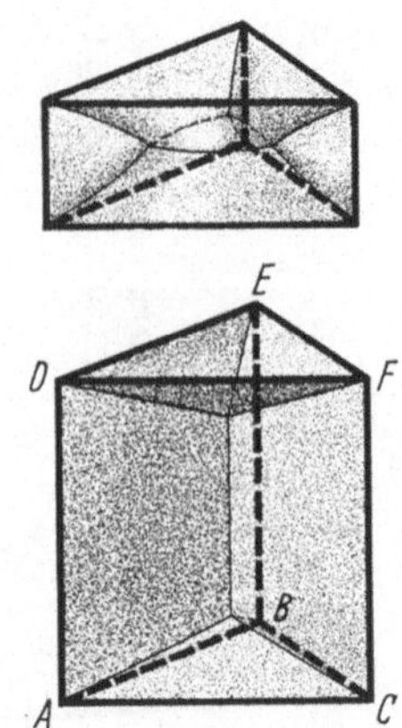

Abb. 36. Lamellenkörper im dreizähligen Prisma

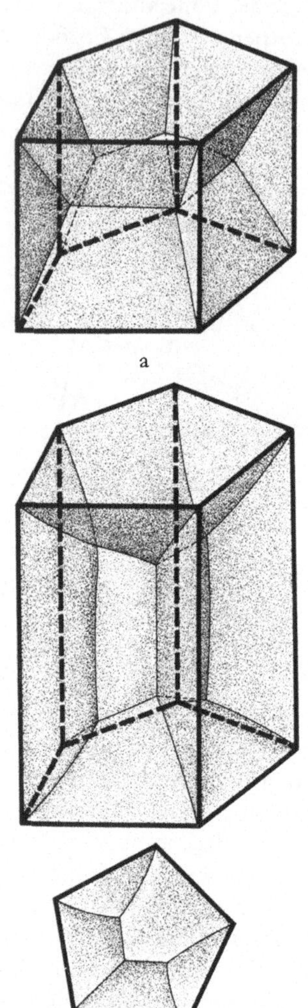

Abb. 37. Lamellenkörper im fünfzähligen Prisma

einsetzenden Verschwinden des flüssigen Mitteldreiecks sechs Kanten in einem Punkte zusammenstoßen. Da dieser Zustand wiederum nicht stabil ist, erfolgt Umschlagen in den allen Forderungen genügenden Körper von der Art der Abb. 36b, den man nun beliebig weiter ausziehen kann.

In einem fünfzähligen prismatischen Drahtgestell bildet sich bei geringer Prismenhöhe ein Körper nach Art der Abb. 37a, der beim Ausziehen des Gestells in den in Abb. 37b im Schema und im Aufriß angegebenen übergeht. Entsprechend verhält sich ein sechseckiges Prisma; jedoch sind jetzt im verlängerten Gestell *drei* verschiedene Formen von Lamellenkörpern möglich, die in Abb. 38 im Grundriß und im Schema wiedergegeben sind. Sie können durch leichtes Anblasen ineinander übergeführt werden. Bei Prismenkörpern nach höherer Zähligkeit wird die Zahl der möglichen (verlängerten) Formen noch größer; die Lamellenkörper selbst werden zugleich immer unbeständiger.

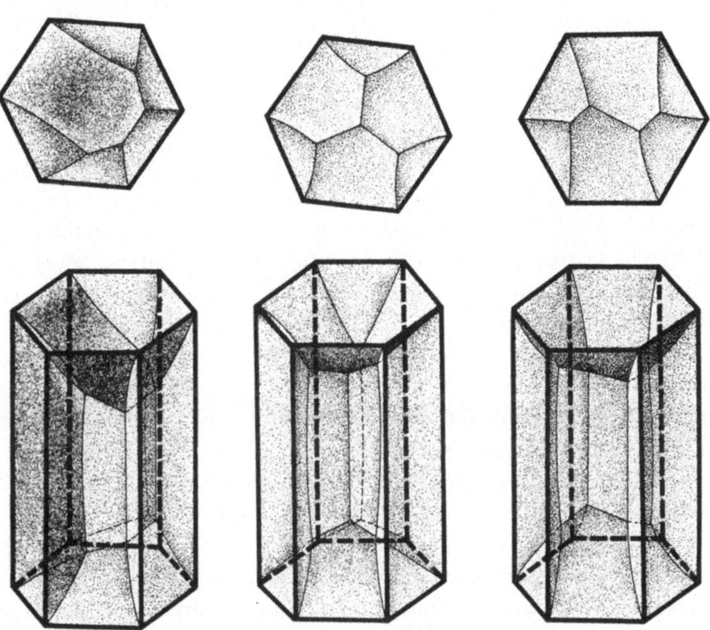

Abb. 38. Lamellenkörper im sechszähligen Prisma

Wir kehren jetzt wieder zum einfachen Tetraedergerüst zurück und beginnen mit dem verhältnismäßig einfachen Fall vorgegebener voller Tetraedersymmetrie. Beim Hochziehen eines Tetraedergestells aus der Seifenlösung entsteht der oben (Abb. 35a) bereits gezeigte Lamellenkörper der vollen Symmetrie des Tetraeders mit vier geraden, sich im Tetraedermittelpunkt unter 109°28′ schneidenden flüssigen Kanten und sechs sich unter jeweils 120° schneidenden ebenen Dreieckslamellen. Diesen Lamellenkörper können wir weiter ausgestalten, indem wir ihn vom Zentrum aus mit etwas zusätzlicher Seifenlösung aufblasen. Dabei entsteht in der Mitte des Lamellenkörpers ein frei an den ursprünglichen Lamellen aufgehängtes flüssiges sphärisches Hohltetraeder (s. Abb. 39), das unter dem Überdruck p_k steht. Bläst man dieses immer weiter auf, so geht es schließlich, wenn seine Kanten die Gerüstseiten erreichen, in den Fall des einfachen, mit vier schwach nach außen gekrümmten Dreieckslamellen überspannten Tetraederkörpers über.

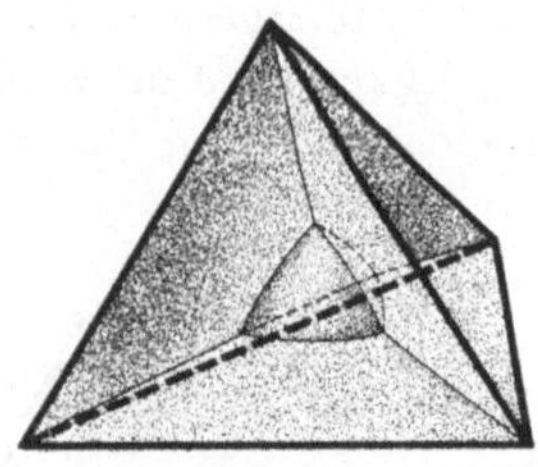

Abb. 39. Tetraederblase im Tetraederlamellenkörper

Den vollständigen Tetraederkörper der Abb. 35a kann man, indem man einzelne Lamellen, etwa durch Zerstechen mit einem spitzen Bleistift oder durch Abdrücken mit zwei Fingern zerstört, in Lamellenkörper niedrigerer Symmetrie überführen. Zerstört man nur *eine* Lamelle, so erhält man den in Abb. 35b im Schema und im (verkleinerten) Aufriß dargestellten Körper: Er enthält eine von der festen Kante AB ausgehende, in die durch diese und die Mitte der Seite CD bestimmte Spiegelebene des Tetraeders fallende ebene Lamelle; diese ist von einer sphärischen flüssigen Kante abgeschlossen und stößt mit zwei untereinander spiegelbildlich gleichen, von den Kanten AC und AB bzw. AD und BD ausgehenden sattelförmigen Lamellen unter Winkeln von 120° zusammen. Zerstört man in diesem Lamellenkörper nun auch noch die von der CB gegenüberliegenden festen Kante ausgehende ebene Lamelle, so erhält man die in Abb. 35 dargestellte einfache Sattelfläche. Es ist die gleiche, die wir schon früher mit einem Tetraedergerüst, dem zwei gegenüberliegende Seiten genommen waren, direkt durch Hochziehen aus der Seifenlösung erhielten. Zerstört man im vollständigen Lamellenkörper der Abb. 35 nicht zwei gegenüberliegende, sondern zwei von aneinanderstoßenden festen Kanten ausgehende Lamellen, so erhält man schließlich den in Abb. 35d dargestellten Körper, bei dem nur noch eines der Tetraederdreiecke mit einer ebenen Lamelle bespannt ist und flüssige Kanten nicht mehr vorkommen.

Verwenden wir anstatt des tetraedrischen ein oktaedrisches Drahtgerüst, so wird die Mannigfaltigkeit möglicher Lamellenkörper wesentlich größer. Allein durch Herausziehen des Gestells aus der Seifenlösung erhält man so schon acht verschiedene Lamellenkörper, bei denen alle zwölf festen Gerüstkanten Ausgang von Lamellen sind. Diese Körper sind durch mehr oder weniger starkes Anblasen ineinander überführbar. Als vollständigster und schönster unter ihnen erscheint die in Abb. 40 dargestellte Sternfigur. Sie enthält vier in Tetraedersymmetrie um ein fünftes solches Zentrum angeordnete, durch Schnittpunkte flüssiger Kanten gebildete Tetraedermittelpunkte. Alle Kanten sind gerade. Ebenso sind alle Lamellenflächen, sowohl die zwölf von den Gerüstkanten ausgehenden Dreiecksflächen wie die sechs drachenähnlichen, paarweise zueinander senkrechten von flüssigen Kanten begrenzten Vierecksflächen eben. Die Länge der kleineren flüssigen Kanten, z.B. *BZ* in Abb. 40, beträgt ein Viertel der

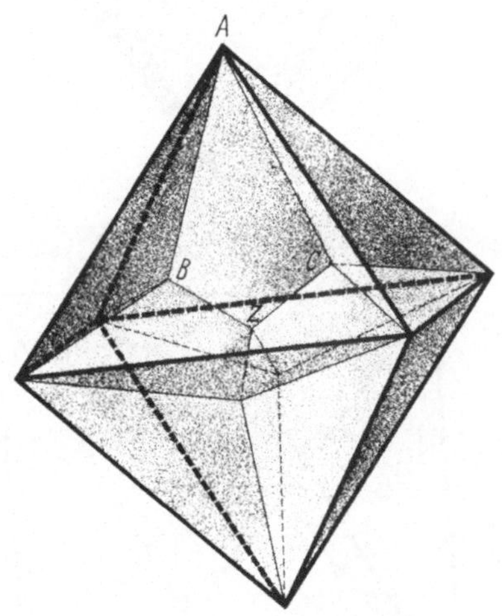

Abb. 40. Sternförmiger Lamellenkörper im Oktaedergestell

Länge der festen Kanten des Oktaedergestells. Weniger einfach ist schon der durch eine aus vier nach innen gekrümmten flüssigen Kanten gebildete Raute *ABCF* bestimmte Lamellenkörper. Er ist in Abb. 41 unter Vernachlässigung der Kantenkrümmungen wiedergegeben. Die acht sich paarweise in den vier Kanten der Raute treffenden Dreiecke (z. B. *ABD*) sind gesattelt, die beiden die Raute nur in den Ecken *B* bzw. *C* treffenden Dreiecke eben. Ein weiterer, im Oktaedergerüst auftretender Lamellenkörper ist durch ein zentral aufgehängtes, gesatteltes, aus flüssigen Kanten gebildetes Sechseck (s. Abb. 42) mit schwach nach innen geboge-

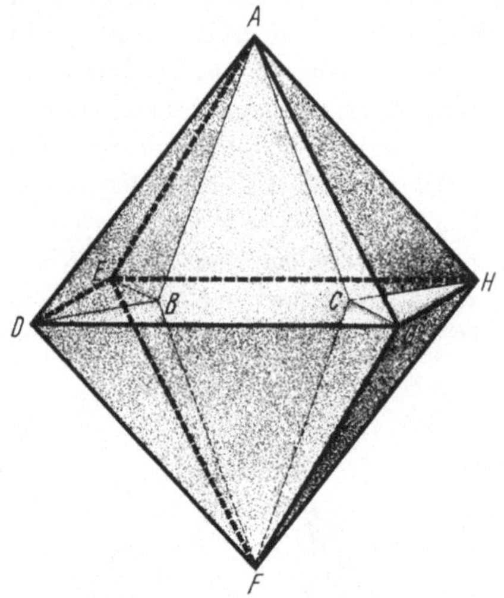

Abb. 41. Lamellenkörper mit Raute im Oktaedergestell

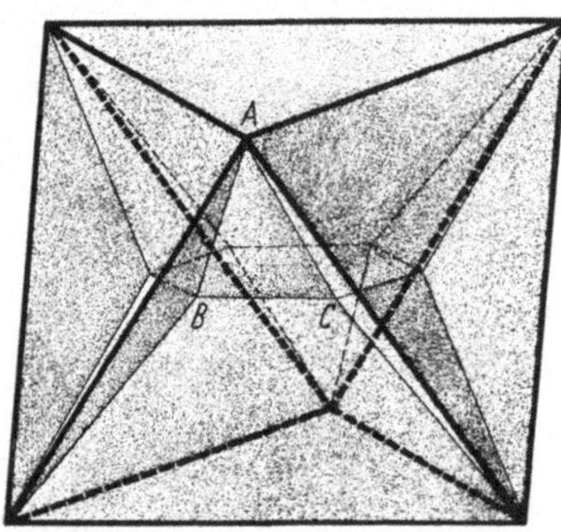

Abb. 42. Lamellenkörper mit Sechseck im Oktaedergestell

nen Seiten charakterisiert, von denen gesattelte Dreiecke (z.B. *ABC*) und Trapeze abwechselnd so nach den Gerüstkanten gespannt sind, daß der Körper eine senkrecht auf der Mitte der Sechseckfläche stehende dreizählige Drehspiegelachse enthält.

Durch ein schief im Oktaeder frei hängendes Quadrat ist der in Abb. 43 skizzierte Lamellenkörper bestimmt. Vier weitere Lamellenkörper, die man durch einfaches Hochziehen aus der Seifenlösung oder durch Umblasen aus den vier vorgenannten erhält, gibt Abb. 44 wieder.

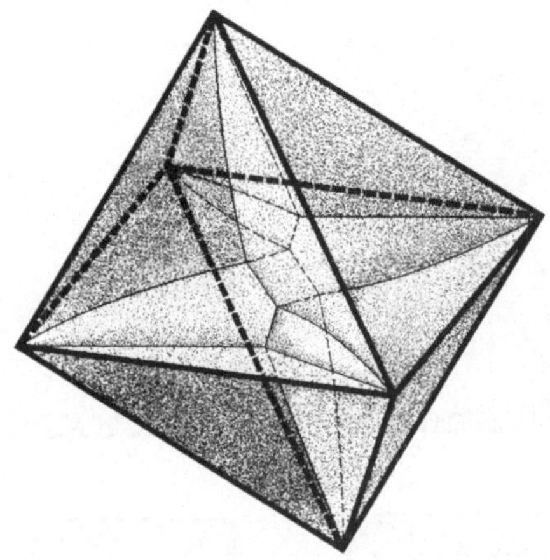

Abb. 43. Lamellenkörper mit Quadrat im Oktaedergestell

Das Umblasen der einzelnen Formen ineinander ist nicht gleichmäßig leicht zu bewerkstelligen und muß, je nachdem welcher Übergang erzielt werden soll, mit verschiedener Anblasstärke und aus verschiedenen Richtungen vorgenommen werden. Aus den aus der erforderlichen Blasstärke zu überwindenden verschieden großen Widerständen ergibt sich u.a., daß der Oktaederstern die kleinste Oberflächenenergie besitzt.

Die Anzahl der Lamellenkörper, welche durch Umblasen und Abstechen im Oktaedergestell erzeugt werden können, ist entsprechend der großen Zahl der als Ausgangskörper zur Verfügung stehenden, an allen Kanten bespannten Formen (Abb. 40—44) sehr groß. Demgegenüber liefert das Würfelgestell als Ausgangspunkt für entsprechende Umformungen beim Hochziehen aus der Seifenlösung lediglich den bereits oben (Abb. 34) beschriebenen Lamellenkörper. Beim Aufblasen vom Mittelpunkt her entsteht aus ihm — analog dem in Abb. 39 wiedergegebenen Lamellentetraeder — ein frei an den von den Gerüstkanten ausgehenden zwölf Lamellen hängender Hohlwürfel, dessen Flächen entsprechend dem in seinem Innern bestehenden Überdruck nach außen gewölbt sind; dadurch werden zugleich die erforderlichen Winkel von 109°28′ hergestellt.

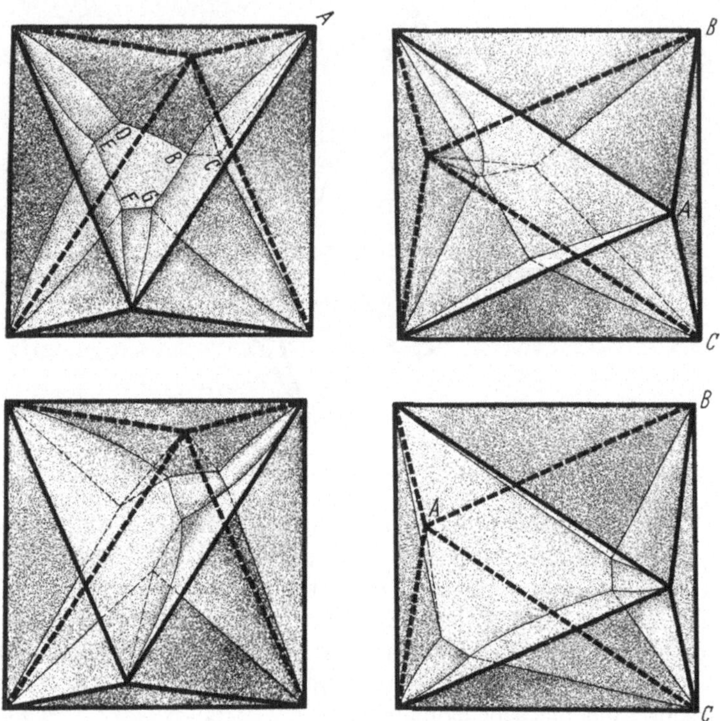

Abb. 44. Weitere Lamellenkörper im Oktaedergerüst

Die aus dem Lamellenkörper der Abb. 34 durch Lamellenabbau oder Verwendung entsprechender Würfelrestgestelle herzustellenden fünfzehn weiteren Lamellenkörper sind in den Abb. 45a—p in Skizzen und den zugehörigen (verkleinerten) Aufrissen dargestellt. Auch mit Pentagondodekaeder- und Ikosaedergestellen erhält man Lamellenkörper verschiedener Formen; doch sind diese i. a. bereits recht labil; einfacher als durch Abstechen erzeugt man sie deshalb mit Hilfe der entsprechend reduzierten Restgestelle.

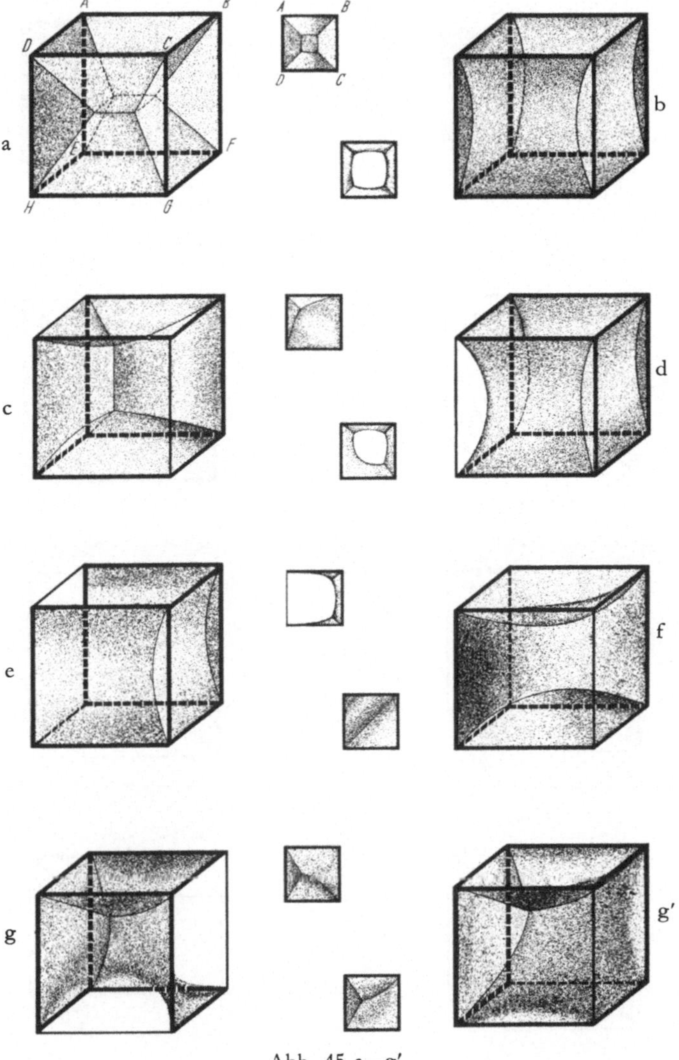

Abb. 45 a—g′

Abb. 45. Lamellenkörper im Würfelgestell

Von den zahllosen anderen Möglichkeiten erwähnen wir noch die mit Hilfe antiprismatischer Gestelle erzeugten Lamellenkörper.

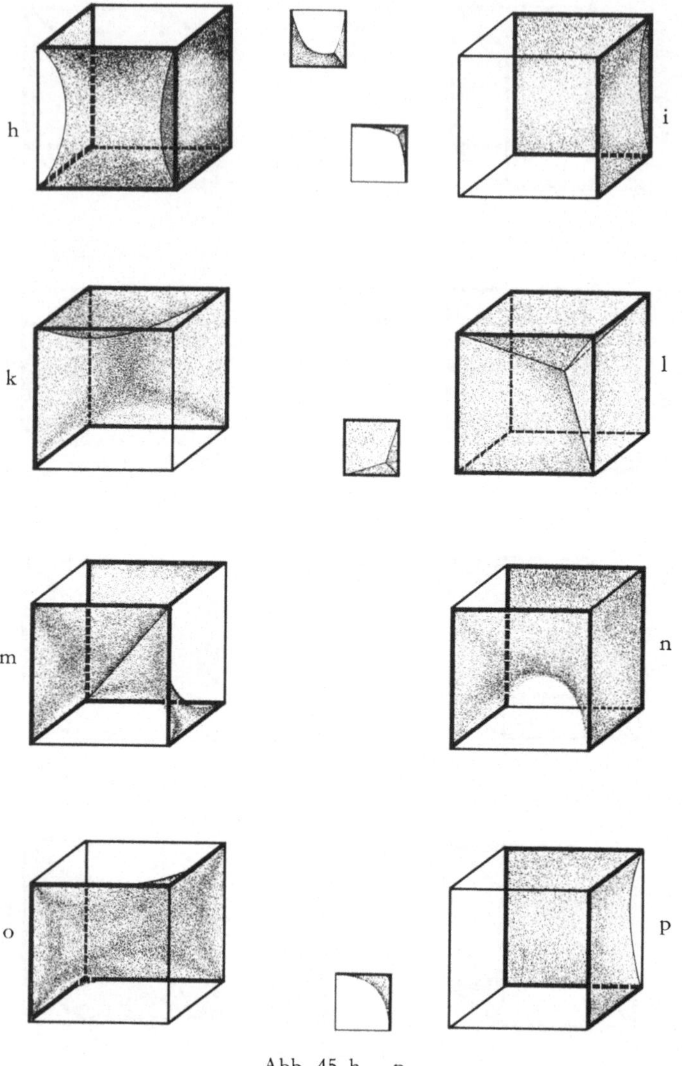

Abb. 45 h — p

Zwei Beispiele am Vierecksantiprisma geben die Abb. 46 und 47 wieder.

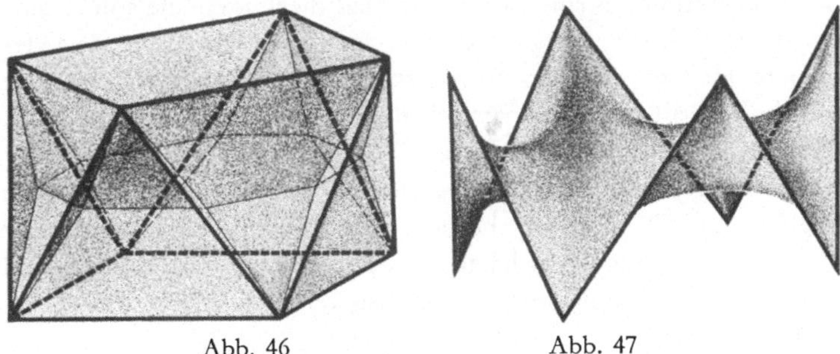

Abb. 46 Abb. 47

Abb. 46. Lamellenkörper im Vierecksantiprisma

Abb. 47. Sattelflächenlamelle im Vierecksantiprisma

6. Gestalt freier flüssiger Körper

a) Flächen gleichbleibender mittlerer Krümmung

Wir hatten oben gesehen, daß freie, keinen äußeren Einwirkungen ausgesetzte Oberflächen, also etwa solche von flüssigen Körpern, in spezifisch gleich schwerer flüssiger Umgebung oder solche von frei schwebenden einzelnen Blasen, als Flächen konstanter mittlerer Krümmung durch die Gauß-Laplacesche Gleichung

$$\frac{1}{r_1} + \frac{1}{r_2} = 2c = \text{konstant} \tag{10}$$

beschrieben werden. Drücken wir die Krümmungsradien r_1 und r_2 nach den Regeln der Differentialgeometrie aus, so nimmt Gl. (10) die Form der Differentialgleichung

$$\frac{\frac{d^2z}{dx^2}\left[1+\left(\frac{dz}{dy}\right)^2\right] - 2\frac{d^2z}{dx\,dy}\cdot\frac{dz}{dx}\cdot\frac{dz}{dy} + \frac{d^2z}{dy^2}\left[1+\left(\frac{dz}{dx}\right)^2\right]}{\left(\frac{dz}{dx}\right)^2+\left(\frac{dz}{dy}\right)^2+1} = 2c \tag{10a}$$

an. Als Flächen, welche dieser Gleichung genügen, hatten wir Minimalflächen ($c = 0$) und Kugeln und Kugelkalotten kennengelernt. Wir wollen nunmehr die Frage, welcherlei Formen der Gl. (10) genügen, allgemeiner beantworten.

Nach Gl. (10) muß die Oberfläche eines freien, also auch dem Schwerefeld entzogenen flüssigen Körpers eine Fläche von überall gleicher mittlerer Krümmung sein. Daß die Kugel eine solche darstellt, ist evident; sie besitzt eine kleinere Oberfläche als jeder andere Körper gleichen Volumens. Ebenso ist die Ebene eine Fläche überall gleicher, nämlich der mittleren Krümmung Null. Neben dieser gibt es aber, da die Gl. (10) nach (10a) den Charakter einer Differentialgleichung (zweiter Ordnung) hat, noch unendlich viele andere Flächen, welche den Bedingungen entsprechen. Wir haben also zu fragen, welcher Art diese Flächen sind und ob und wann sie als Oberflächen von Flüssigkeiten realisiert bzw. realisierbar sind.

Nun ist die Kugel die einzige von Singularitäten freie endliche Fläche konstanter Krümmung. Sie bildet also, solange nicht besondere Umstände hinzukommen, die einzige einer endlichen freien Flüssigkeitsmenge gemäße Oberflächenform. Von solchen hinzukommenden Umständen sind vor allem die die Flüssigkeit begrenzenden, sie berührenden Ränder zu beachten. Nun gilt, wenn eine Flüssigkeit an einen festen Körper grenzt, ganz allgemein, daß sich zwischen Flüssigkeit und (ebenem) Festkörper jeweils nach Art von Abb. 67 ein ganz bestimmter Winkel, der Randwinkel ϑ, ausbildet, dessen Größe durch die Oberflächenspannung beider Partner und durch deren gegenseitige Adhäsion bestimmt ist. Er wird am Ende unserer Darstellung noch ausführlich zu behandeln sein. In unserem jetzigen Zusammenhang ist nur folgendes zu beachten: Der Randwinkel ist durch die jeweilige Stoffkombination bestimmt, ist also eine stoffspezifische Größe. Er variiert, je nach Art der sich in gemeinsamer Grenzfläche berührenden Partner, zwischen Null und 180°. Dabei zeigt Randwinkel 0° volle Benetzung, Randwinkel 180° vollständige Nichtbenetzung an. Wird eine sonst freie Flüssigkeitsmenge von Festkörpern berührt, so werden ihr an den Berührungsrändern also feste Randwinkel aufgezwungen, die zusätzlich zu Gl. (10) die Form der Flüssigkeitsoberfläche mitbestimmen.

Die Beachtung dieses Einflusses der Ränder erlaubt uns zunächst die Betrachtung endlicher ebener flüssiger Oberflächen. Die Ausbildung ebener Formen an Flüssigkeitsoberflächen erscheint so selbstverständlich und natürlich und ist so weit verbreitet, daß ebene Flüssigkeitsspiegel das alltägliche und zuverlässigste Kriterium für ein ebenes Niveau darstellen. Tatsächlich genügt eine unendlich ausgedehnte ebene Fläche, die man auch als Kugel mit unendlich großem Radius verstehen kann, der Forderung der Gl. (10) nach überall gleicher Krümmung Null vollkommen. Das gilt aber so allgemein auch nur für eine Flüssigkeit mit unbegrenzter Oberfläche. Endliche, durch Gefäßwände, Gerüste u. dgl. begrenzte Oberflächen sind, eben weil Randwinkel bestehen, stets gekrümmt. Sind die Ränder, wie zwischen benachbarten ebenen Platten oder in engen Röhren, nicht weit genug voneinander entfernt, dann erstreckt sich die Krümmung merklich über die ganze Oberfläche; diese ist dann im allgemeinen, wie z.B. Menisken in Capillarröhren, keine Fläche der konstanten Krümmung Null mehr. Nur wenn die Ränder weit voneinander entfernt sind, kann die Fläche, da die von den Rändern her aufgezwungene Krümmung sich merklich nur in deren Nähe wirksam durchsetzt, in ihrem mittleren Teil als praktisch eben angesehen werden. In endlichem Rahmen kann man eine wirklich ebene Fläche jedoch sehr wohl in dem speziellen Falle erwarten, daß der Randwinkel zwischen Flüssigkeit und Gefäßwand 90° beträgt. Das trifft z.B. zu für eine 2,2 molare Lösung von Alkohol in Wasser gegen Paraffin; bringt man eine solche Lösung etwa in ein mit Paraffin überzogenes Reagenzglas, so erhält man eine endliche, exakt ebene Oberfläche. Im übrigen kann man für die meisten Zwecke hinreichend ebene Flüssigkeitsoberflächen endlicher Größe auch dadurch herstellen, daß man die Flüssigkeit nicht an ebenen Wänden, sondern an rasierklingenscharfen Rändern ansetzen läßt, da an solchen der Randwinkel ein verhältnismäßig freies Spiel hat. Von diesem Prinzip haben wir, wenn auch in etwas vergröberter Form, oben schon Gebrauch gemacht, wenn wir Lamellen zwischen dünnen Drahtringen ausspannten, an denen die Lamellenflüssigkeit haftete.

Die Frage ist also, wann und wie eine Flüssigkeit durch Vorgabe begrenzender Ränder dazu gebracht werden kann, eine endliche Oberfläche konstanter mittlerer Krümmung auszubilden. Systematischer Betrachtung ist dabei i. a. nur der — allerdings oft verwirklichte — Fall zugänglich, in dem Rotationssymmetrie angenommen werden kann, da nur unter dieser Voraussetzung Lösungen der Gl. (10a) in allgemeinerem Umfang zu erwarten sind. Wir wenden uns demgemäß der Frage rotationssymmetrischer Oberflächen konstanter mittlerer Krümmung zu. Als solche begegneten uns oben die Kugelkalotten (Abb. 14). Auch die Zylinderoberflächen und das Katenoid sind rotationssymmetrisch; durch geeignete Aufhängung (an zwei konzentrischen Ringen) konnten Ausschnitte aus beiden hergestellt werden (Abb. 19 und Abb. 20), wobei das Zylinderstück noch des oberen und unteren Abschlusses bedurfte.

b) Nodoidflächen

Allgemeinere Auskunft über mögliche rotationssymmetrische Flüssigkeitsoberflächen erhält man durch Lösung der Gl. (10a); diese vereinfacht sich, wenn die z-Achse als Rotationsachse gewählt wird, dahingehend, daß $x = y$ und $\frac{dz}{dx} = \frac{dz}{dy} = \frac{dz}{dr}$ gesetzt werden kann. Sie nimmt dann, wenn wir nach dem Steigungswinkel $\operatorname{tg} \varphi = dz/dr$ einführen, nach einigen Umformungen die einfachere Gestalt

$$\frac{d(r \cdot \sin\varphi)}{r \cdot dr} = 2c \tag{10b}$$

an. Die Durchführung der weiteren Rechnung ginge über den dieser Darstellung gesteckten Rahmen hinaus. Wir müssen uns deshalb mit der Mitteilung und Diskussion des Ergebnisses begnügen. Dabei unterscheiden wir zweckmäßigerweise zwei Fälle, nämlich denjenigen, daß zur Rotationsachse senkrechte Tangenten entsprechend $\operatorname{tg}\varphi = 0$ existieren, und denjenigen, in dem solche Tangenten fehlen, d.h. $\operatorname{tg}\varphi$ nicht gleich Null sein kann.

Im ersten dieser beiden Fälle erhalten wir, wenn d den Abstand der Berührungspunkte einer horizontalen Tangente von der Rotationsachse (s. Abb. 48) bedeute und $C = 1/c$ geschrieben wird

$$\sin\varphi = \frac{r^2 - d^2}{C\,r}. \tag{11}$$

Läßt man $\sin\varphi$ seinen ganzen Wertebereich von -1 bis $+1$ durchlaufen, so bewegt sich r, wie sich aus der Auflösung der einfachen quadratischen Gleichung ergibt, zwischen den Grenzen

$$r' = +\frac{C}{2} + \sqrt{d^2 + \frac{C^2}{4}} \quad \text{und}$$

$$r'' = -\frac{C}{2} + \sqrt{d^2 + \frac{C^2}{4}}\,. \tag{12}$$

Durch weitere Auswertung erhält man aus Gl. (11) schließlich die von PLATEAU bzw. BEER als *Nodoide* bezeichnete Gruppe von Rotationsflächen. Meridianschnitte einiger solcher Nodoide sind für verschiedene Verhältnisse von r''/r' in den Abb. 48 und 49

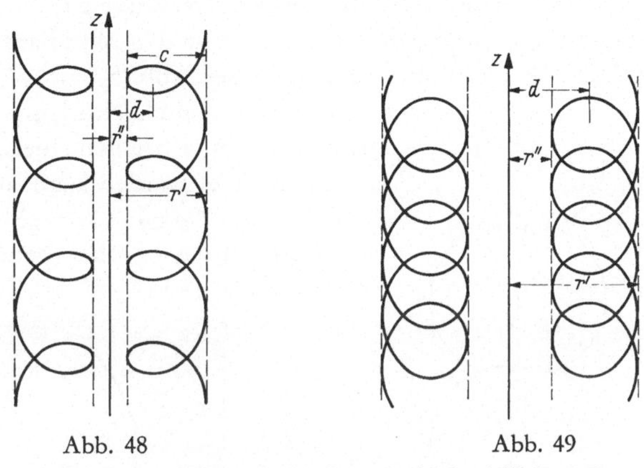

Abb. 48. Meridianschnitt eines Nodoides ($r''/r' = 0{,}5$)

Abb. 49. Meridianschnitt eines Nodoides ($r''/r' = 0{,}175$)

wiedergegeben, wobei daran erinnert sei, daß nach Gl. (12) r' und r'' den größten und den kleinsten Abstand der Kurve von der Rotationsachse, d den Abstand des Berührungspunktes der horizontalen Tangente von eben derselben (s. Abb. 48) und $C = r'' - r'$ den Abstand der beiden zur Rotationsachse parallelen Tangenten (s. Abb. 49) voneinander bedeuten. Die Meridianschnitte der Nodoide können geometrisch als Bahnen des jeweils einen Brennpunktes von auf der z-Achse abrollenden Hyperbeln der reellen Achse $2C$ konstruiert werden.

Welcher Art diese Nodoide dann im Einzelfall sind, ob die Schleifen ihrer Meridiankurven weit oder weniger weit einander übergreifen und dgl., hängt vom Verhältnis r''/r' ab. In dem durch $d = 0 = r'$ gegebenen Grenzfall, bei dem die horizontalen Tangenten die Kurve erst in der Rotationsachse treffen, geht Gl. (11) in den Kreis

$$C \cdot \sin\varphi = r \tag{11a}$$

und die durch eine Schleife bzw. den Teil einer Schleife umschlossene räumliche Rotationsfläche in die Kugelfläche oder einen Teil einer solchen (s. Abb. 50) über. Jede rotationssymmetrische Flüssigkeitsoberfläche, welche die Symmetrieachse schneidet, ist also sphärisch. Wie man sich den Übergang eines Nodoids in eine Folge sich einander auf der Achse berührender Kugeln (mit $C = r'$) vorzustellen hat, erläutere der Übergang von den Meridianschnitten der Abb. 48 und 49 zu denjenigen der Abb. 50.

Wie die Kugel als einen, so erhält man, wie im einzelnen hier nicht durchgerechnet werden kann, aus Gl. (10b) für $d = C = r' = \infty$ als anderen Grenzfall das — oben bereits als

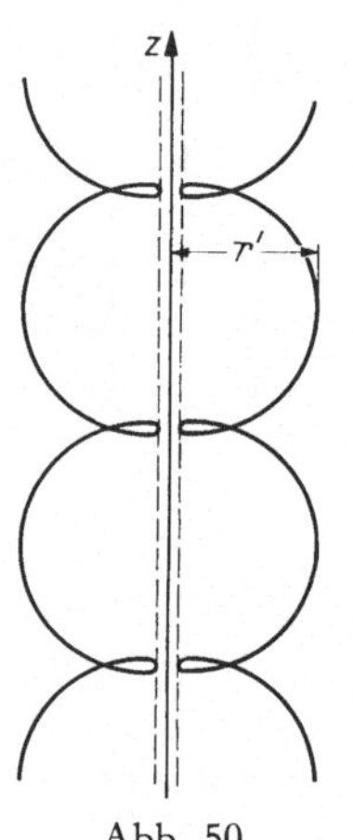

Abb. 50

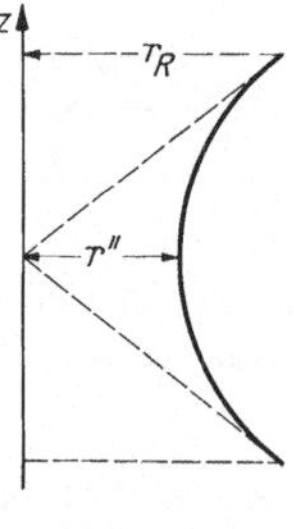

Abb. 51

Abb. 50. Kugelreihe als Grenzfall des Nodoids

Abb. 51. Meridiankurve des Katenoides (Kettenlinie)

Fläche konstanter Krümmung Null erwähnte — Rotationskatenoid, dessen Meridiankurve, d.i. die durch die Funktion $r = \mathfrak{Cos}\,\mathfrak{z}$ gekennzeichnete Kettenlinie in Abb. 51 in ihrem mittleren Abschnitt wiedergegeben ist. Die bei der Ableitung der Nodoide als existent vorausgesetzte horizontale Tangente trifft in diesem Fall die Fläche im Abstand $d = \infty$ auf Kreisen um den Punkt $\mathfrak{z} = \infty$ der

Rotationsachse. Das Katenoid erscheint hier als der Spezialfall eines Nodoides, von dem nur noch der nach außen konkave Teil einer Schleife übrig geblieben ist. Seine Meridiankurve wird geometrisch als Bahn des Brennpunktes einer auf der z-Achse abrollenden Parabel erhalten.

Kehren wir nun noch einmal zu der oben bereits besprochenen Beobachtung zurück, nach der man zwischen zwei Drahtringen einen endlichen Ausschnitt aus der unendlich ausgedehnten Katenoidfläche symmetrisch als Lamellenfläche ausspannen kann, und fragen, welche Eigenschaften über den konstanten Krümmungsdruck Null hinaus dem Lamellenkörper noch zukommen müssen, damit er stabil ist. Die ausschlaggebende Rolle spielt dabei, wie GOLDSCHMIDT schon (in einer Untersuchung mit dem Titel Determinatio superficiei minimae ratione curvae data duo puncta iungentis circa datam axam ortae) 1831 gezeigt hat, das Verhältnis des Durchmessers der Grundfläche zur Höhe des Lamellenkörpers, d.h. das Verhältnis von Ringdurchmesser r_R und halbem Ringabstand z_R derart, daß die Beziehung

$$r_R = r'' \log\left(\frac{r_R + \sqrt{r_R^2 - r''^2}}{r''}\right) \qquad (13)$$

erfüllt sein muß. Diese hat, wenn das Verhältnis z_R/r_R größer als 0,6627 ist, keine, wenn es gleich diesem Wert ist, eine und wenn es kleiner ist, zwei Lösungen. Das bedeutet, daß eine beide Ringe verbindende Lamelle nicht besteht, sobald der Abstand der beiden Ringe größer wird als $^2/_3$ ihres Durchmessers. Ist es kleiner, so sind zwar nach Gl. (13) zwei Katenoide mit dem Basisdurchmesser $2r_R$ möglich, von ihnen ist aber nur das der kleineren der beiden Wurzeln entsprechende eine Minimalfläche, wohingegen das andere, stärker eingeschnürte einen maximalen Flächeninhalt hätte. Es ist also nur das erstgenannte stabil. Das dem Grenzwert 0,6627 zugeordnete Katenoid, dessen Einschnürungsradius $r'' = 0{,}55 r_R$, also fast gleich der Hälfte des Ringradius ist, ist im Schnitt in Abb. 51 dargestellt. Es ist dadurch ausgezeichnet, daß die Tangenten an die dem Ring benachbarten Randbereiche durch den Mittelpunkt des Körpers gehen. Bei allen anderen stabilen Formen schneiden die Tangenten die Mittelebene zwischen Scheitel und Mittelpunkt. Wird beim Auseinanderziehen der Basisringe, also beim Strecken des Körpers, der Grenzwert 2/3 des Verhältnisses z_R/r_R überschritten, so zerfällt der Lamellenkörper (unter Bildung von Nebentröpfchen) in zwei über die Ringe gespannte ebene Lamellen. Man kann auch unter Verwendung nur eines einzigen Ringes Katenoidlamellen erzeugen, indem man den Ring vorsichtig durch die Oberfläche der Seifenlösung hochzieht; man erhält dann nur die Hälfte des mit zwei Ringen erzeugten Körpers, indem jetzt die Mittelebene mit dem Radius r'' der stärksten Einschnürung in die Oberfläche der Lösung fällt. Katenoidkörper können auch massiv, also etwa aus Toluidin in Wasser erzeugt werden. Das kann etwa so geschehen, daß man zwei ebene paraffinierte Platten anstelle der Ringe verwendet oder daß man zwei größere, nicht voll benetzbare Platten im vorgewählten Abstand $2z_R$ benutzt, deren Material so gewählt ist, daß der Randwinkel gleich dem zum vorgegebenen Plattenabstand gehörenden Steigungswinkel der Katenoidfläche ist; man muß dann zwischen die Platten die genau passende Menge an Toluidin geben.

Bevor wir zur zweiten Gruppe freier Lamellen- bzw. Flüssigkeitskörper übergehen, schieben wir noch eine am Katenoid zu machende Beobachtung ein, welche eine frühere ähnliche an ebenen und gesattelten Flächen gut ergänzt. Die Beobachtung nämlich, daß beim Durchstechen der Lamelle innerhalb eines in ihr liegenden geschlossenen Kokonfadens dieser, sich spannend, zugleich der Stelle kleinster Gaußscher Krümmung auf der Lamellenfläche zustrebt. Stechen wir die Katenoidlamelle innerhalb eines solchen Fadens durch, so muß dieser entsprechend die Stelle stärkster Einschnürung als diejenige größter Gaußscher Krümmung zu fliehen suchen. Stellt man nun das Katenoid so auf, daß die Rotationsachse senkrecht steht, und durchsticht den bis dahin oberhalb der Mittelebene festgehaltenen Faden, so kann er — spezifisch schwerer als die Seifenlösung — nicht weiter nach oben zur Stelle kleinerer Krümmung steigen. Er fällt vielmehr unter dem Einfluß seiner Schwere in der Lamelle nach unten; dabei muß er widerstrebend die Stelle stärkster Einschnürung durchfallen. Man kann nun sehr hübsch beobachten, wie die Fallgeschwindigkeit mit der Annäherung an die Mittelebene abnimmt, um sofort nach Überschreiten derselben in den Fall positiver Beschleunigung umzuschlagen.

c) Unduloidflächen

Nach den Nodoiden betrachten wir die als Unduloide bezeichnete andere Gruppe rotationssymmetrischer Flüssigkeitsoberflächen, die sich dadurch von den Nodoiden unterscheidet, daß keine zur Symmetrieachse senkrechte Tangenten vorkommen. Wie die Meridianlinie der Nodoide beim Abrollen einer Hyperbel und die Kettenlinie durch Abrollen einer Parabel durch die Bahn des Brennpunktes beschrieben werden, so bezeichnet die Bahn des Brennpunktes einer auf einer Geraden abrollenden Ellipse der großen Achse $2C$ die Meridiankurve der Unduloide. Die Kurve nähert und entfernt sich periodisch von der Rotationsachse (s. Abb. 52). Dabei wechselt das Vorzeichen ihrer Krümmung eben-

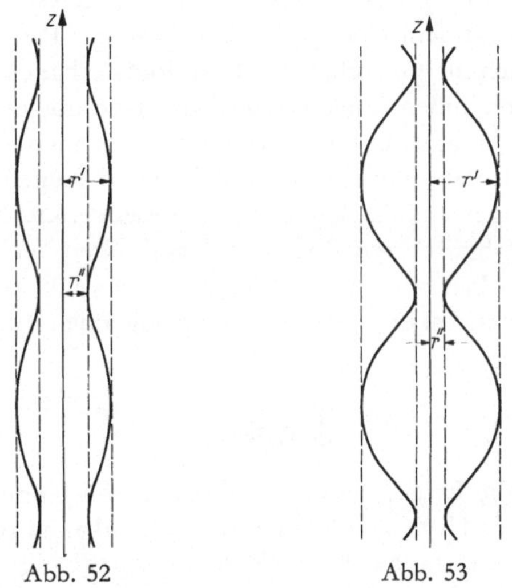

Abb. 52 Abb. 53

Abb. 52. Meridiankurve eines Unduloides ($r''/r' = 0,5$)

Abb. 53. Meridianschnitt eines Unduloides ($r''/r' = 0,175$)

falls periodisch. Dem Abstand d' der mit dem Vorzeichenwechsel verbundenen Inflexionspunkte kommt eine analoge Bedeutung zu, wie dem Abstand d der Berührungspunkte der horizontalen Tangenten bei den Nodoiden. Anstelle der Gl. (11) tritt entsprechend die ihr analoge Beziehung

$$\pm \sin\varphi = \frac{r' - d^2}{C_r} \tag{14}$$

wobei r zwischen den Werten

$$r' = \frac{C}{2} + \sqrt{\frac{C^2}{4} - d'^2} \quad \text{und}$$

$$r'' = \frac{C}{2} - \sqrt{\frac{C^2}{4} - d'^2}$$

pendelt. Die Meridiankurve des Unduloides hat demgemäß einen sinusähnlichen Verlauf (Abb. 53), wobei aber die der Symmetrieachse zugekehrten Bogen schmäler sind als die ihr abgewandten, und das um so ausgesprochener, je kleiner das Verhältnis r''/r' des kleinsten zum größten Abstand von der Achse ist (Abb. 53).

Entsprechend dem Übergang der Ellipse zur Parabel wird das Katenoid auch als Grenzfall des Unduloids erhalten, indem nur noch ein nach außen konkaver Teil des Unduloides erhalten zu sein scheint. Als anderer Grenzfall erweist sich auch hier die Folge der auf der Rotationsachse sich berührenden Kugeln, wobei die der Achse zugewandten Bögen zu auf dieser senkrecht stehenden Spitzen, die abgekehrten Bögen zu Halbkreisen entartet erscheinen. Für den Fall $r'' = r'$ und damit $d' = C$ geht das Unduloid in den Zylinder über; anstelle der erzeugenden Ellipse ist der Kreis getreten.

d) Beispiele

Es bleibt die Frage, wieweit Teilstücke von Unduloiden (und Nodoiden) mit Hilfe von kompakten Flüssigkeiten oder Flüssigkeitslamellen, etwa an Gerüstkörpern aufgehängt, hergestellt werden können. Wie schon PLATEAU zeigte, sind solche flüssigen Körper nur im Bereich einer Periode („Welle") stabil und auch dann nur, wenn sie einen kleinsten oder größten Querschnitt als Symmetrieebene einschließen. Flüssigkeitszylinder sind nur solange stabil, wie ihre Länge nicht größer ist als ihr Umfang. Stellt man Flüssigkeitszylinder größerer Länge her, so rufen schon leichteste Störungen (Erschütterungen, elektrische Felder) Einschnürungen und Ausbuchtungen entsprechend dem Übergang in unduloide Formen hervor. Diese verstärken sich mehr und mehr, bis schließlich der ursprüngliche Zylinder in eine Reihe von Kugeln zerfällt, deren Durchmesser das 1,82fache und deren Mittelpunktsabstand das 2,18fache des Zylinderdurchmessers betragen. Eine solche Entwicklungsreihe gibt Abb. 54 wieder, in der

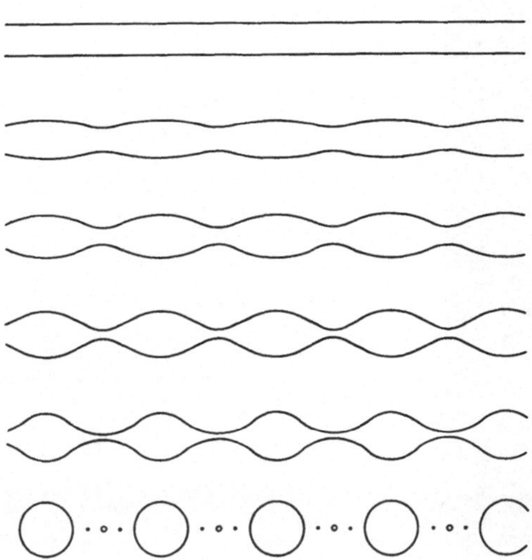

Abb. 54. Zerfall eines langen Flüssigkeits- oder Lamellenzylinders

man auch die Bildung der Nebentröpfchen wieder erkennt. Die Zahl dieser Nebentropfen beträgt, je nach den Umständen, eins, drei oder fünf, wobei der mittlere der dickste, die nächsten beiden sehr klein und die äußersten beiden wieder etwas dicker sind.

Flüssigkeitszylinder überkritischer Länge behalten ihre unstabile Form länger bei, wenn sie aus zähen Flüssigkeiten gebildet werden; die Zähigkeit wirkt hier ähnlich stabilisierend wie bei Flüssigkeitsblasen. Bei ihnen vollzieht sich der Zerfall des Flüssigkeitszylinders so langsam, daß man ihn ohne besondere Hilfsmittel beobachten kann, etwa wenn man einen dünnen Faden aus der an ihm haftenden zähen Flüssigkeit z.B. einen Quarzfaden aus Öl hochzieht. In der Natur kann man den gleichen Vorgang an frisch gezogenen Spinnwebfäden beobachten. Der Spinnwebfaden ist, wenn die Spinne ihn zieht, mit einem dünnen Flüssigkeitszylinder überzogen. Dieser zerfällt entsprechend seiner Länge alsbald in eine große Anzahl gleichmäßig aneinandergereihter Tröpfchen. Diesen Zustand eines zum Insektenfang bestimmten Fadens aus dem Spiralteil eines Spinnennetzes gibt nach einer mikrophotographischen Aufnahme Abb. 55 wieder; ein Radnetz der üblichen

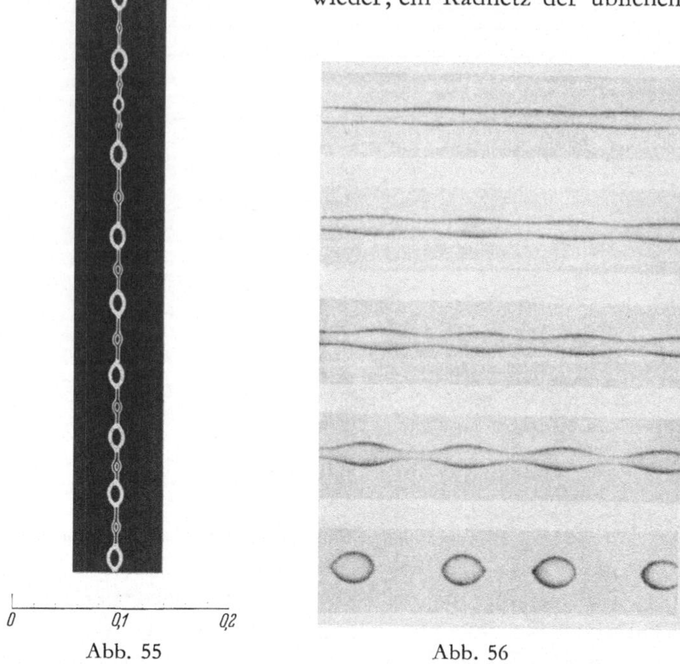

Abb. 55 Abb. 56

Abb. 55. Mikroaufnahme eines Spinnwebfadens (nach BOYS)

Abb. 56. Zerfall eines Strahls in Tropfen (nach Aufnahme von S. MASON)

Art enthält an seinen Fangfäden einige Hunderttausend solcher klebriger Tröpfchen. Die nur zur Aufhängung des Netzes dienenden radialen Fäden sind demgegenüber hart und glatt.

Ebenso wie Lamellen- und auf Fäden gespannte, also Gerüstzylinder, verhalten sich kompakte Flüssigkeitszylinder, als die man aus runder Öffnung ausströmende Flüssigkeitsstrahlen auffassen kann. Der an der Ausflußstelle zylindrische Strahl beginnt alsbald sich unduloidartig einzuschnüren, um sich dann in einer noch größeren Entfernung vom Austrittsort in Tropfen aufzulösen. Die photographische Aufnahme der Abb. 56 zeigt diesen Vorgang fast vollkommen. Wie groß die Labilität des noch zylindrischen Teils eines Strahles ist, erkennt man daran, daß ein geriebener Hartgummistab schon aus großer Entfernung den Zerfall in Tropfen begünstigt. Daß auch die mehrfach erwähnte Bildung von Nebentröpfchen mit den Problemen des zerfallenden Zylinders zusammenhängt, mag Abb. 24 an Phänomenen des abfallenden Tropfens zeigen.

7. Überformung

Was wir bisher betrachteten, waren die Formen der Oberflächen, die flüssige Körper frei oder in gegebener Berandung allein unter dem Einfluß der ihnen immanenten Kohäsionskräfte annehmen. Bei Einwirkung äußerer Kräfte, wie etwa des Schwerefeldes oder elektrischer Felder, werden diese freien Formen verändert; es tritt eine Überformung ein.

a) Überformung im Schwerefeld

Als hervorstechendste Überformung dieser Art tritt uns in der Natur diejenige im Schwerefeld entgegen. Ihr wenden wir uns entsprechend zuerst und vorzüglich zu. Das Schwerefeld werde in Richtung der z-Achse gedacht. Dann nimmt, wenn ϱ die Dichte und g die Erdbeschleunigung bezeichnen, die Gauß-Laplace-Gl. die Form

$$\sigma\left(\frac{1}{r_1} + \frac{1}{r_2}\right) + \varrho g z = c \tag{15}$$

an oder, da durch geeignete Wahl des Bezugspunktes des Schwerepotentials stets erreicht werden kann, daß $c = 0$ wird

$$\sigma\left(\frac{1}{r_1} + \frac{1}{r_2}\right) + \varrho g z = 0\,. \tag{16}$$

Das Grundsätzliche der Anwendung der Gl. (16) erläutere der Fall der zylindrisch d.h. einfach gekrümmten Oberfläche, der vorliegt, wenn eine (sonst unendlich ausgedehnt zu denkende) Flüssigkeitsoberfläche an nur einer Seite in einer ebenfalls unendlichen Randlinie an einen ebenen festen Körper grenzt (s. Abb. 57).

Denken wir uns diese in die y-Richtung fallend, so vereinfacht sich Gl. (16) zu der Gl.

$$\frac{\sigma}{r_1} + \varrho g z = 0\,. \tag{16a}$$

Diese ist exakt lösbar. Man erhält aus ihr, wenn $\operatorname{tg}\varphi$ wieder den Neigungswinkel dz/dy bezeichnet, für den Schnitt durch die Oberfläche die Beziehung

$$z = \pm\, a\sqrt{2}\cdot\sin(\varphi/2)\,, \tag{17}$$

wobei a, die sogenannte Capillaritätskonstante, für $\sqrt{2\sigma/\varrho g}$ steht. Die Kurve hat den in Abb. 58 angegebenen Verlauf. Welche Teile

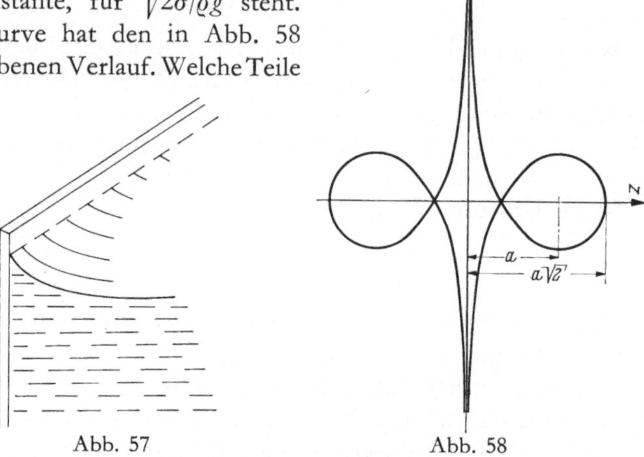

Abb. 57. Steighöhe an ebener Platte

Abb. 58. Möglichkeiten der Ausbildung von Oberflächen an ebener Platte

dieser Kurve als Schnitte einer Flüssigkeitsoberfläche beobachtet werden können, hängt jetzt, wie Abb. 59 zeigt, nur noch vom Neigungswinkel ε der begrenzenden festen Ebene zur Horizontalen und dem Randwinkel ϑ ab, den die Flüssigkeit mit dem Festkörper bildet. Der Winkel φ der Tangente an die Flüssigkeitsoberfläche an der Randlinie ist dann gegeben zu $\varphi = \varepsilon \pm \vartheta$, wobei, solange $\varepsilon + \vartheta < 180°$ ist, Hebung, sonst Senkung relativ zum ebenen Flüssigkeitsspiegel vorliegt. Im Falle vollständiger Benetzung ($\vartheta = 0°$) bzw. Nichtbenetzung ($\vartheta = 180°$) mündet die

Flüssigkeitsoberfläche, wie Abb. 58 zeigt, in der Höhe a über bzw. unter dem ebenen Niveau in die Platte ein.

Ist die Platte entsprechend einem Winkel ε von 0° bzw. 180° zur Flüssigkeitsoberfläche parallel, so stellen sich beim Herausziehen der Platte aus der Flüssigkeitsoberfläche wiederum die aus der Kombination von Randwinkel und Profilkurve zu erschließenden Schnittkurven ein. Dabei erreicht die Hebung im Falle der vollen Benetzung den aus Abb. 60 zu entnehmenden Höchstwert

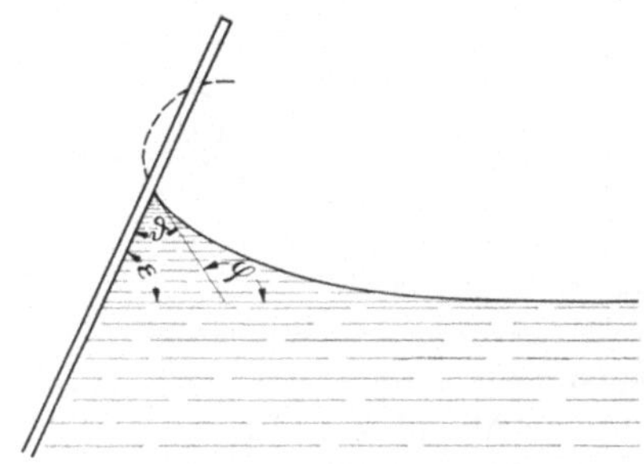

Abb. 59. Schnitt der Flüssigkeitsoberfläche mit ebener Platte

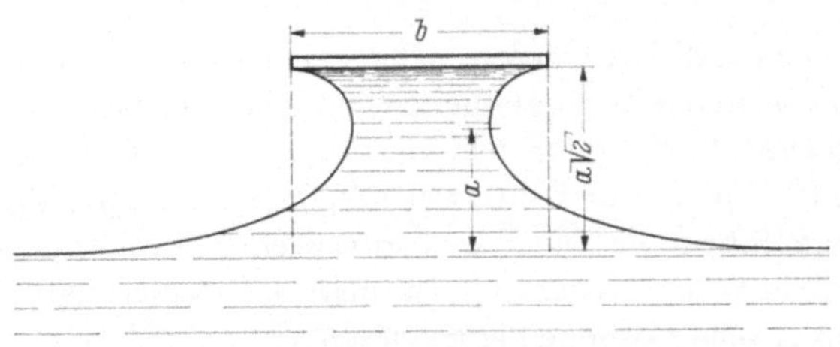

Abb. 60. Flüssigkeitsoberfläche zwischen horizontaler Platte und ebenem Flüssigkeitsspiegel

$a\sqrt{2}$. Schnittkurve sind, wie Abb. 59 zeigt, die beiden um die halbe Breite $b/2$ der Platten auseinandergezogenen Hälften der Kurve der Abb. 60. Hebt man die Platten um mehr als $a\sqrt{2}$ über den Flüssigkeitsspiegel, so reißt die Flüssigkeit ab.

Betrachten wir die (wieder unendlich ausgedehnt gedachte) Flüssigkeitsoberfläche zwischen zwei ebenen, zueinander im Abstand d parallelen, die Flüssigkeitsoberfläche senkrecht schneidenden Platten, d.h. den Fall des Zylindertropfens (Abb. 61), so erhalten wir im Grunde an beiden Seiten ein ähnliches Resultat wie im vorhergehenden an der einen Seite. Die vollständige, aus der entsprechend erweiterten Gl. (16) folgende Profilkurve gibt Abb. 62 wieder: Welche Stücke dieser Kurve als Profile von

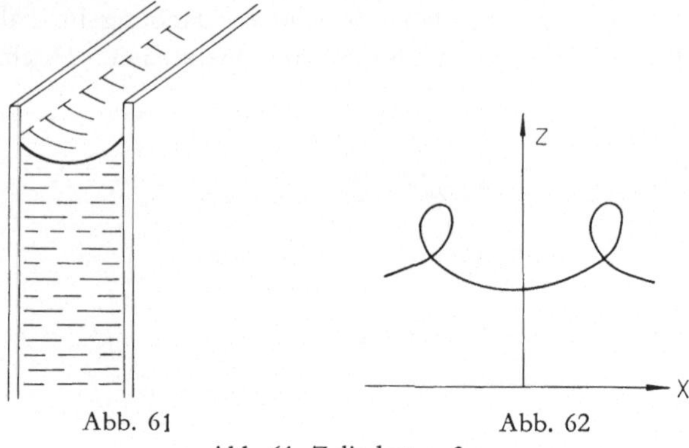

Abb. 61 Abb. 62

Abb. 61. Zylindertropfen

Abb. 62. Möglichkeiten der Ausbildung von Oberflächen zwischen ebenen Platten

Oberflächen realisiert werden, hängt wiederum vom Randwinkel und von weiteren Bedingungen, wie etwa dem heraustretenden Flüssigkeitsvolumen oder dem Gasdruck ab. Im Falle des Randwinkels 0° gibt das durch die zwei äußeren senkrechten Tangenten begrenzte Stück die Meniskenform wieder. Bei dem Versuch weiterreichender Auswertung ist man auf Näherungsverfahren und numerische Lösungen angewiesen.

Die konsequente Erweiterung des gerade betrachteten Phänomens ist der Fall, daß der Randwinkel nicht auf beiden Seiten der gleiche ist; er liegt etwa vor, wenn die beiden Platten nicht aus dem gleichen Material bestehen. Das hat zur Folge, daß jetzt nicht mehr nur vollständig konvexe oder vollständig konkave Oberflächenprofile auftreten, sondern auch solche mit Inflexionspunkten, an denen die Krümmung des Oberflächenprofils — den Wert Null durchlaufend — das Vorzeichen wechselt. Das trifft immer zu, wenn der eine Randwinkel spitz und der andere stumpf ist. Beispiele für diesbezügliche Profile geben die Abb. 63 und 64 wieder. Bei voller Benetzung der einen ($\vartheta = 0°$) und vollständiger Nichtbenetzung ($\vartheta = 180°$) der anderen Platte bildet sich das ganze zwischen den Punkten *a* und *b* der Abb. 63a gelegene Kurvenstück als Oberflächenprofil aus. Man kann es leicht zwi-

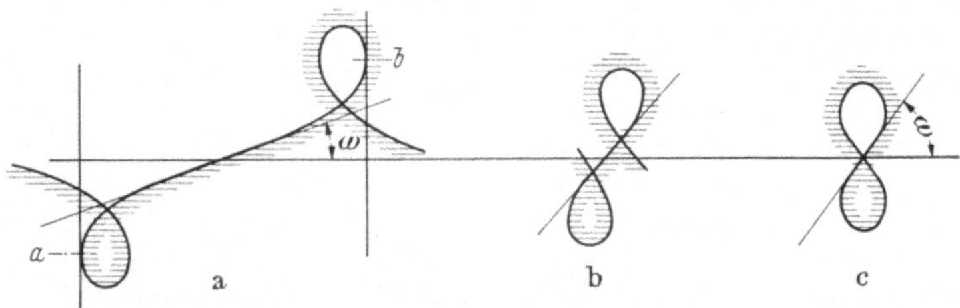

Abb. 63. Möglichkeiten der Oberflächenbildung bei kleinem Inflexionswinkel (Flüssigkeit schraffiert)

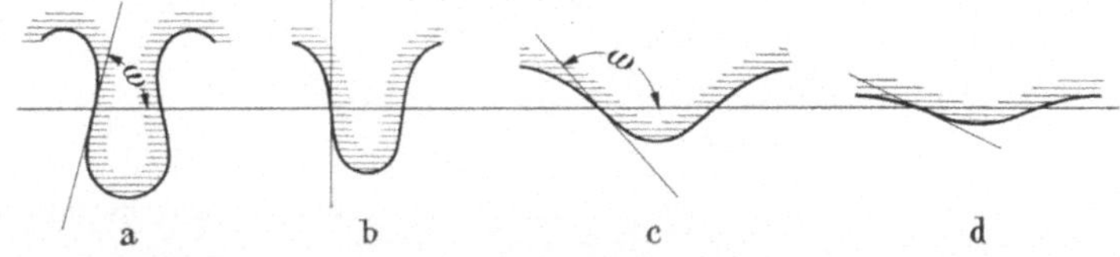

Abb. 64. Möglichkeiten der Oberflächenbildung bei großem Inflexionswinkel (Flüssigkeit schraffiert)

schen zwei geeigneten ebenen Platten herstellen. Teile von Kurven der in Abb. 64 dargestellten Typen kann man auch in Form der Oberflächen von Zylindertropfen verwirklichen, die aus einem von zwei gleichartigen Platten gebildeten Spalt heraushängen. Bei vollständiger Benetzung bzw. Nichtbenetzung treten dabei wieder die vertikalen Tangenten bestimmend auf. Haben die Platten scharfe Ränder, ist der Randwinkel also unbestimmt, so ist der Ausschnitt nur noch durch den Plattenabstand und den Druck am Austrittsspalt bestimmt.

Auch für Tropfen, die ohne daß ein mechanischer Spalt vorhanden wäre, an der Unterseite ebener Flächen hängen, gelten, wie F. Neumann anhand ausführlicher Überlegungen und Rechnungen gezeigt hat, ähnliche Verhältnisse.

Am Beispiel dieser in einer Richtung unendlich ausgedehnten einfach gekrümmten zylindrischen Oberflächen ist grundsätzlich schon alles Wesentliche in Hinsicht auf Tropfen- und Meniskenformen zu erkennen. Die Behandlung der in der Natur verbreiteten Tropfen allseits endlicher Ausdehnung und doppelter Krümmung bietet, auch wenn man nur den zugleich einfachsten und häufigsten Fall, nämlich denjenigen der zum Schwerefeld rotationssymmetrischer Tropfen ins Auge faßt, demgegenüber noch erheblich größere mathematische Schwierigkeiten. Wir geben, indem wir diese übergehen, in Abb. 65 eine der diesbezüglichen

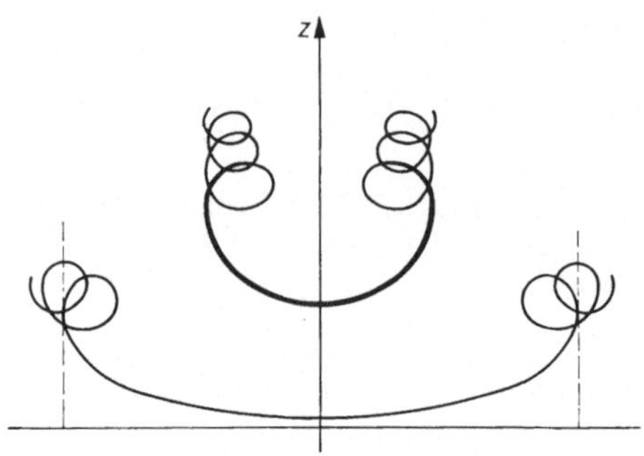

Abb. 65. Möglichkeiten der Ausbildung von Tropfen im Schwerefeld

Profilkurven wieder. Hier bezeichnet z.B. das Kurvenstück zwischen den zwei äußeren senkrechten Tangenten das Profil des Flüssigkeitsspiegels in engen Röhren bei voller Benetzung und das dick ausgezogene Stück, an der Horizontalen gespiegelt, die Form eines liegenden Tropfens im Fall der Nichtbenetzung, also etwa eines Quecksilbertropfens auf einer Glasplatte. Die Auswertung der diesbezüglichen Form der Gauß-Laplaceschen Differentialgleichung, bei der man jetzt ganz auf Näherungsverfahren angewiesen ist, ergibt, daß die Höhe h_m des Tropfens über der Ebene seines größten Umfanges mit wachsendem Volumen zuerst zunimmt, bei Erreichen einer durch den Wert $h_m = 1{,}07\,a$ gegebenen Grenze ihren Höchstwert annimmt und bei weiterer Volumenzunahme wieder schwach abnimmt, wie das in Abb. 17 zu erkennen ist.

Als letztes Beispiel der Überformung im Schwerefeld blieben noch die nicht rotationssymmetrischen Tropfen etwa von der Art des an einer Fensterscheibe hängenden Regentropfens, der nur noch eine Spiegelebene als Symmetrieelement hat. Die mathematische Diskussion auf Grund der Gauß-Laplaceschen Differentialgleichung bietet hier außerordentliche Schwierigkeiten, die durch das später zu besprechende Phänomen der Randwinkelhysterese noch zusätzlich kompliziert werden.

b) Überformung durch andere äußere Einflüsse

Ebenso wie die Schwerkraft können auch andere Kräfte sich der Wirkung der zwischenmolekularen Kräfte überlagern und die flüssigkeitseigenen Formen überformen. In jedem dieser Fälle kann man die Gauß-Laplacesche Gleichung (leicht) entsprechend erweitern und das auch so, daß mehrere äußere Einflüsse gleichzeitig zur Geltung kommen. Dieser theoretische Ansatz führt aber i. a. nicht mehr weit, da die Lösung der Gleichung sehr schwierig, wenn nicht unmöglich wird. Da aber am Beispiel der Schwerkraft alles Grundsätzliche betreffend Überformung hinreichend klar geworden sein dürfte, können wir uns ohnehin mit dem Hinweis auf eine Reihe diesbezüglicher Phänomene begnügen.

Als erstes Beispiel betrachten wir die Einwirkung der Zentrifugalkraft. In einem mit Wasser gefüllten Gefäß bringen wir eine um die Senkrechte drehbare Stange an, die in mittlerer Höhe eine kleine Scheibe trägt. Die Stange mitsamt Scheibe kann mit Hilfe einer Riemenübertragung mit einem größeren Rad in verschieden schnelle Umdrehungen gebracht werden. Auf die Scheibe setzen wir einen großen Toluidintropfen, dessen Durchmesser den der Scheibe übersteigen muß. Bringen wir den (zunächst natürlich kugelförmigen) Toluidintropfen durch Drehen des Handrades in Rotation, so plattet sich die Kugel mit wachsender Drehgeschwindigkeit ellipsoidartig ab. Bei weiter gesteigerter Drehgeschwindigkeit löst sich ein die Kugel umkreisender Ring ab, der bei noch höherer Drehgeschwindigkeit in eine Anzahl den Hauptkörper umkreisender Kugeln zerfällt. Der Versuch erinnert an Ring- und Mondbildung im Planetensystem.

Als weiteres Beispiel betrachten wir die Einwirkung elektrischer Felder und hier zunächst das Verhalten eines frei schwebenden Halbtropfens im homogenen elektrischen Feld unter Ausschaltung der Schwerkraft. Ein an einer senkrechten Metallplatte haftender Wasserhalbtropfen ist in spezifisch gleichschwerer Cyclohexan-

Tetrachlorkohlenstoff-Mischung der Wirkung der Schwerkraft entzogen; er hat deshalb die Form einer Kugelkalotte. Wird er zwischen zwei Metallplatten einem homogenen elektrischen Feld ausgesetzt (Abb. 66a), so wird er verformt, und zwar — mit wachsender Feldstärke — schließlich so stark, daß sich an seiner Kuppe schließlich eine zylinderartige Spitze bildet, die dann ihrerseits in kleine, frei schwebende Kügelchen zerfällt (Abb. 66b).

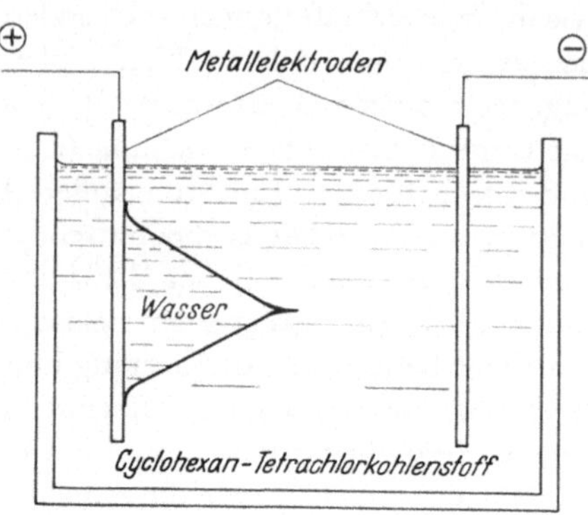

Abb. 66a. Meßanordnung.

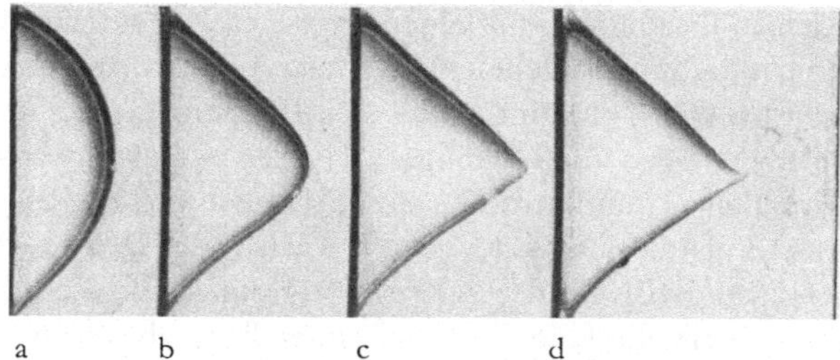

Abb. 66b. Wassertropfen an vertikaler Metallplatte in Cyclohexan-Tetrachlorkohlenstoffm. a) ohne und b—d mit horizont. homog. elektr. Feld

Überlagert sich das elektrische Feld der Schwerkraft, so treten, wenn beide Felder in der gleichen Richtung wirken, unter dem Einfluß der Schwerkraft ähnliche Überformungen ein, wie Abb. 67 erkennen läßt. Auffälligere und neuartige Effekte beobachten wir, wenn beide Felder nicht einander parallel sind. Das erläutern am

Beispiel des einem horizontalen elektrischen Feld ausgesetzten liegenden Tropfens die Abb. 68. Der dort wiedergegebene Tropfen hat zunächst die für fest vorgegebenen Randwinkel oben bereits erörterte Form (Abb. 68 oben). Unter der überlagerten Wirkung eines horizontalen elektrischen Feldes wird er in der Art verformt, daß er unter Verlust seiner Rotationssymmetrie nur noch eine Spiegelebene als Symmetrieelement behält (Abb. 68 Mitte). Bei wei-

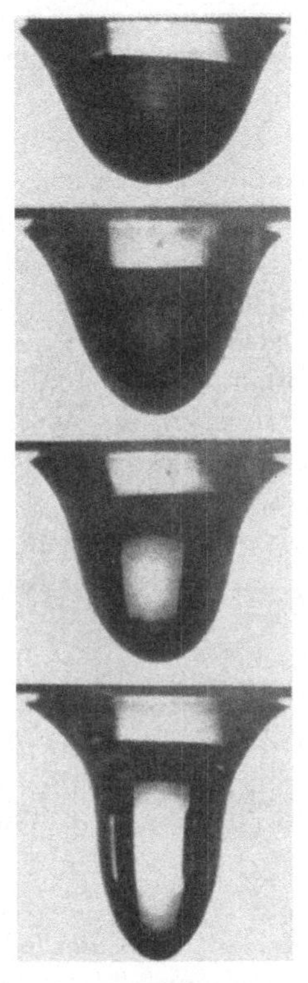

Abb. 67

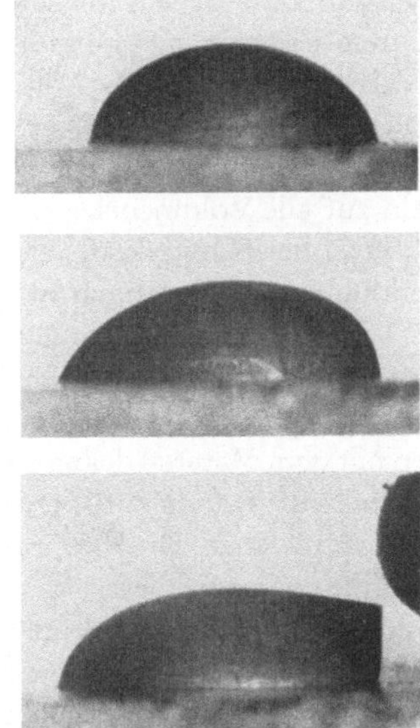

Abb. 68

Abb. 67. Hängender Wassertropfen im vertikalen elektr. Feld

Abb. 68. Liegender Wassertropfen auf Paraffin im seitlichen inhomogenen elektr. Feld.

terer Verstärkung des Feldes weicht seine Form schließlich in ganz ungewöhnlicher Weise von dem ab, was man an flüssigen Formen zu sehen gewöhnt ist.

8. Der Tropfenrand

a) Die Neumannsche Regel

Bei den bisherigen Betrachtungen über die Formen flüssiger Körper gab die zentrale Gauß-Laplacesche Gleichung Richtlinien allgemein nur dann, wenn über die Randbedingungen (Randwinkel u. dgl.) Aussagen oder plausible Annahmen gemacht werden können. Wir fragen nunmehr nach den Rändern.

Nach den allgemeinsten Prinzipien der Mechanik besteht die Bedingung dafür, daß eine freie Oberfläche oder Grenzfläche eine Gleichgewichtsform vorstellt, darin, daß bei allen gedachten kleinsten Veränderungen (virtuellen Verschiebungen) derselben die freie Energie unverändert bleibt oder, mit anderen Worten, daß das Potential P ein Minimum ist. Dabei müssen in die zu variierende Energie, soll der Ansatz vollständig sein, sämtliche in Frage kommenden Wechselwirkungen eingehen. Das sind:

ein auf alle Volumenelemente wirkender Anteil äußerer Kräfte, also etwa der Schwerkraft oder elektrischen Kräfte:

ein auf der gegenseitigen zwischenmolekularen Wechselwirkung der Teilchen der zu betrachtenden Flüssigkeit beruhender Anteil (Kohäsionsanteil);

ein auf der zwischenmolekularen Wechselwirkung dieser Teilchen mit dem Material der an sie grenzenden (festen oder flüssigen) Ränder bzw. Wände zurückgehender Anteil (Adhäsionsanteil).

Für die weitere Durchführung der anschließenden mathematischen Auswertung dieses Ansatzes brauchen dann nur noch zwei Voraussetzungen sehr allgemeiner Art gemacht zu werden:

1. Die Flüssigkeit wird verstanden als ein Verband gegeneinander verschiebbarer Teilchen infinitesimaler Größe, der lediglich der Bedingung zu genügen hat, daß das Volumen V der Flüssigkeit — unbeschadet dieser Verschiebungen und Vertauschungen — konstant sei.

2. Hinsichtlich der Potentiale der zwischenmolekularen Wechselwirkungen wird vorausgesetzt, daß diese bei kürzester Reichweite in Richtung der Verbindungslinien der Teilchen wirken, d.h. Zentralkräfte sein sollen.

Die Durchführung der Rechnung, die in dieser allgemeinen Form zuerst vor etwa hundert Jahren F. Neumann vollzog, ergibt eine Summe zweier Ausdrücke, deren jeder für sich zu Null verschwinden muß. Von diesen stellt der erste die Gauß-Laplacesche Gleichung in der oben angedeuteten und auf spezielle Fälle vereinfachten allgemeinen Form dar. Der andere bezieht sich auf die Ränder. Er besagt, wenn die Ableitung zunächst auf den Fall der Kombination einer Flüssigkeit der Oberflächenspannung σ_f mit einem Festkörper der Oberflächenspannung σ_s beschränkt wird, daß für jede gegebene Kombination sich ein nur für diese charakteristischer Winkel ϑ zwischen Flüssigkeit und Festkörper ausbildet (Abb. 69). Dessen Größe ist bestimmt durch die Beziehung

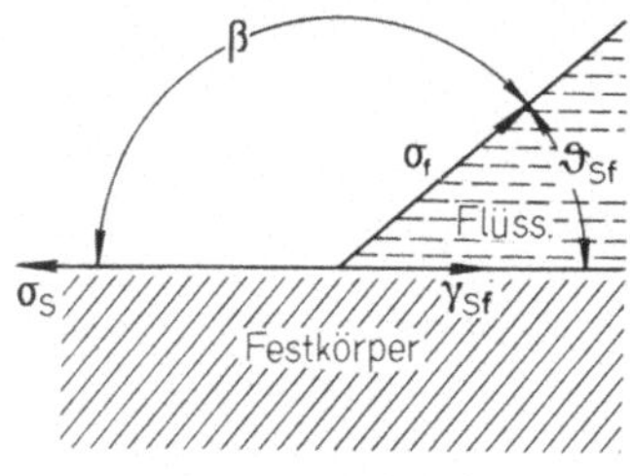

Abb. 69. Randwinkel

$$\cos\vartheta = \frac{\sigma_s - \sigma_{sf}}{\sigma_f}; \qquad (18)$$

dabei bedeutet σ_{sf} die den Oberflächenspannungen σ_f und σ_s analog definierte Grenzflächenspannung zwischen Flüssigkeit und Festkörper, d.h. sinngemäß diejenige Arbeit, die aufgewandt werden muß, wenn die Grenzfläche um die Flächeneinheit vergrößert werden soll. Der Ausdruck $\sigma_s - \sigma_{sf}$ stellt dann die — oft auch als Benetzungsspannung bezeichnete — Taucharbeit vor, d.h. diejenige Arbeit, die gewonnen wird, wenn ein schon teilweise in eine Flüssigkeit eintauchender Festkörper um so viel weiter eingetaucht wird, daß unter Verlust von 1 cm² freier Festkörperoberfläche (Arbeit σ_s) 1 cm² neuer Grenzfläche (Arbeit σ_{sf}) zwischen Flüssigkeit und Festkörper neu entsteht.

Führt man den gleichen Ansatz für den Fall zweier miteinander in Berührung stehender (nicht mischbarer) Flüssigkeiten der Oberflächenspannungen σ_f und $\sigma_{f'}$ durch, also etwa für den Fall eines auf Tetrachlorkohlenstoff liegenden Wassertropfens, so erhält man anstatt Gl. (18) die allgemeinere Beziehung

$$\cos\varphi = \frac{\sigma_f^2 - \sigma_{f'}^2 - \sigma_{ff'}^2}{2\sigma_f \sigma_{ff'}} \qquad (19)$$

in welcher φ den Kontaktwinkel bestimmt, unter dem die eine

Flüssigkeit der anderen aufsitzt (Abb. 70). Diese — oft als Neumannsche Regel bezeichnete — Beziehung (19) erfaßt eine ebenso gültige und allgemeine Gesetzmäßigkeit wie die dem gleichen Ansatz unter den gleichen Voraussetzungen entsprungene Gauß-

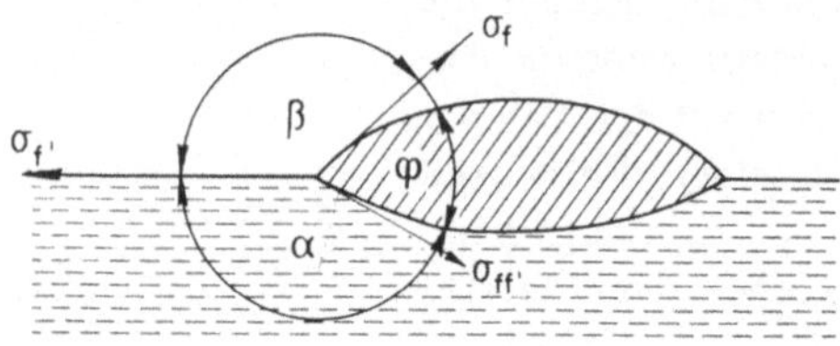

Abb. 70. Kontaktwinkel am liegenden Tropfen

Laplacesche Gleichung. Man kann sie durch Austausch der Winkel (s. Abb.) in die Form

$$\sigma_{f'} = \sigma_f (\cos \pi - \beta) + \sigma_{ff'} (\cos \pi - \alpha) \qquad (20)$$

oder

$$\frac{\sigma_f}{\sin \alpha} = \frac{\sigma_{f'}}{\sin (\alpha + \beta)} = \frac{ff'}{\sin \beta} \qquad (21)$$

transformieren und erkennt dann, wenn man entsprechend dem Fall des einem ebenen Festkörper aufsitzenden Tropfens den Winkel $\alpha = 180°$ und damit $\varphi = \pi - \beta = \vartheta_{sf}$ setzt (s. Abb. 70), daß die unter dem Namen der Youngschen Gleichung bekannte Beziehung (17) als Spezialfall in Gl. (19) enthalten ist.

Die Gln. (19) und (20) sind aus dem allgemeinsten Ansatz einheitlich abgeleitet; sie geben die wohl endgültige und vollständige Lösung der spätestens mit J. A. v. SEGNERS aus dem Jahre 1743 stammender Untersuchung „De figuris superficierum fluidorum" einsetzenden Bemühungen, die Gestalt flüssiger Körper einheitlich zu begreifen. Mit ihrer Hilfe können die Probleme der Formen flüssiger Oberflächen und deren Überformung durch äußere Kräfte und begrenzende Ränder stufenweise im Zusammenhang behandelt werden. Es ist das kaum hinreichend gewürdigte Verdienst von FRANZ NEUMANN, mit der hier wiedergegebenen Ableitung gezeigt zu haben, daß neben die Forderung der Oberflächenkrümmung (Gauß-Laplacesche Gleichung oder „erstes Laplacesches Gesetz") mit gleicher Notwendigkeit das von LAPLACE schon postulierte, aber nicht streng bewiesene Gesetz der Randwinkel tritt, das NEUMANN „zweites Laplacesches Gesetz" nennt.

b) Randwinkel an festen Körpern

Wir befassen uns zunächst mit dem Randwinkel ϑ zwischen Flüssigkeit und Festkörper. Er ist eine für die fest-flüssigen Grenzflächen ebenso bedeutsame Größe wie die Oberflächenspannung und geht in viele Erscheinungen bestimmend ein. Wir nennen die folgenden:

1. Der Randwinkel beeinflußt, wie wir oben schon sahen, die Gestalt der Oberflächen von Flüssigkeiten entscheidend.

2. Er gibt das Maß für die Benetzbarkeit. Randwinkel Null bedeutet, daß die Flüssigkeit sich über die feste Unterlage ausbreitet („spreitet") und sie benetzt; Randwinkel 180° zeigt vollständige Nichtbenetzbarkeit an. Der Randwinkel ist also auch für Fragen des Waschens, Imprägnierens und Färbens von praktischer Bedeutung. Ebenso wird von Schädlingsbekämpfungsmitteln Benetzbarkeit, d.h. kleiner Randwinkel der Spritzmittelflüssigkeit auf den Blättern gefordert.

3. Mit seiner Hilfe läßt sich die Haftarbeit ζ_{sf} bestimmen, das ist diejenige Arbeit, die aufzuwenden ist, um 1 cm² Flüssigkeitsoberfläche entgegen der Wirkung der zwischenmolekularen Kräfte vom unterliegenden Festkörper abzulösen. Es ist

$$\zeta_{sf} = \sigma_f (\cos\vartheta + 1)\,.$$

Damit hängen viele Fragen des Klebens, Leimens, Lötens, Korrodierens u. dgl. zusammen.

4. Er bestimmt die selektive Anreicherung gelöster Stoffe an Grenzflächen (Erscheinung der Adsorption). Die sich dabei im Gleichgewicht einstellende Überschußkonzentration n_g des adsorbierten Stoffes ist, wenn seine Konzentration in der Lösung n_i ist, eine Funktion von

$$\frac{\sigma_f \cdot d\cos\vartheta}{dn_i}$$

5. Der Randwinkel gibt Anlaß zu ponderomotorischen Wirkungen in Flüssigkeitsoberflächen, derart, daß z.B. kleine Gegenstände, die auf Wasser in einem gut gefüllten Glas liegen, je nach der Größe des Randwinkels entweder zum Rand des Gefäßes oder in die Mitte der Oberfläche getrieben werden. Dieses Phänomen kann man an Wasserpflanzen wie z.B. den auf vielen Gewässern dichte Teppiche bildenden sogenannten Wasserlinsen beobachten;

auf Grund der durch den Randwinkel zwischen Blättern und Wasser verursachten ponderomotorischen Kräfte treiben die einzelnen Pflänzchen aufeinander zu. Auch die Verbreitung der Samen über die Wasseroberfläche hin wird öfter durch diesbezügliche Wirkungen eingeleitet.

So groß die Bedeutung des Randwinkels ist, so groß sind die Schwierigkeiten, ihn genau zu bestimmen. Dieser Umstand vorzüglich ließ seine Bedeutung lange Zeit nicht zur bewußten Anschauung kommen. Wir übergehen, abgesehen von dem weiter unten zu behandelnden Phänomen der Randwinkelhysterese, diese Schwierigkeiten und beschränken uns darauf, die beiden unmittelbarsten und einfachsten Verfahren der Randwinkelmessung zu skizzieren:

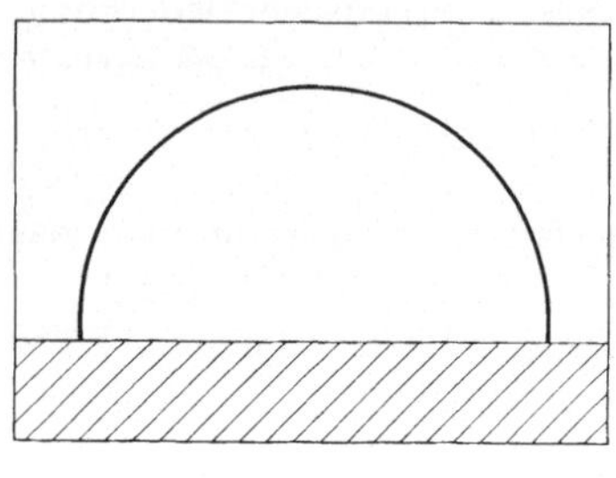

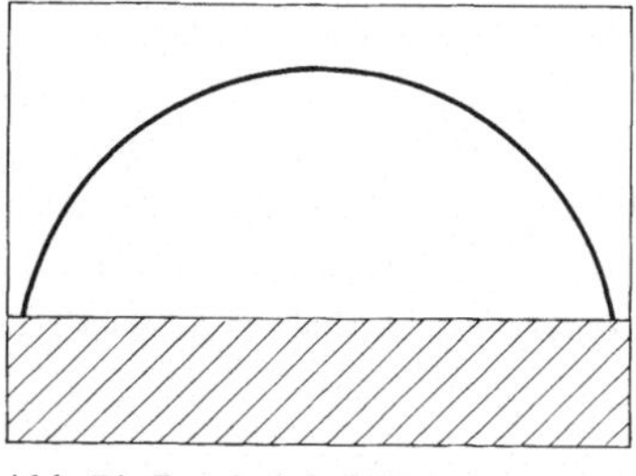

Abb. 71. Randwinkel Wasser/Stearinsäure (oben Wassertropfen, unten Luftblase im Wasser)

1. Man setzt einen Tropfen der Flüssigkeit auf die feste Unterlage und bestimmt den Randwinkel direkt optisch, z.B. indem man den Tropfen photographiert und auf der (vergrößerten) Photographie den Neigungswinkel der Tangente an den Tropfen am Tropfenrand ausmißt. Das Bild einer solchen Aufnahme gibt Abb. 71 oben wieder. Setzt man nicht einen Tropfen auf, sondern bringt zwischen Flüssigkeit und Festkörper eine Luftblase, so erhält man, wie Abb. 71 unten zeigt, wenn man in der Blase mißt, den Winkel $180°-\vartheta$, wenn man in der Flüssigkeit mißt, wieder den Winkel ϑ.

2. Das zweite Verfahren beruht darauf, daß man mit Hilfe eines nach Art von Abb. 72 konstruierten Apparates den als ebene Platte ausgebildeten Festkörper teilweise in die Flüssigkeit eintaucht und dann solange um eine horizontale Achse schwenkt,

bis die Flüssigkeit horizontal die Platte trifft. Der in der Flüssigkeit mit der Platte gebildete Winkel ist der Randwinkel.

Die größte Schwierigkeit, die sich einer genauen Beobachtung und Messung des Randwinkels entgegenstellt, beruht darauf, daß

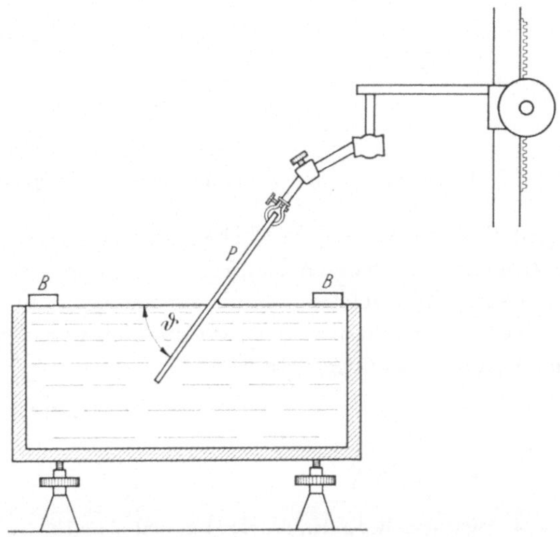

Abb. 72. Messung des Randwinkels (nach ADAM)

die Randlinie i. a. dem Bemühen, sie zu verschieben, einen Widerstand entgegensetzt, so als ob sie an Ort und Stelle klebe. Wenn an der Grenze zwischen Flüssigkeit und Festkörper Schubkräfte angreifen, schwenkt demzufolge die Flüssigkeitsoberfläche um die Randlinie als Achse und kommt erst nach Erreichen eines maximalen oder minimalen Wertes des Winkels in Bewegung. Dieses als Randwinkelhysterese bezeichnete Verhalten bringt naturgemäß merkliche Unsicherheit in die Randwinkelmessung. Man kann die Erscheinung leicht beobachten, wenn man einen Tropfen Wasser auf eine Wachsplatte oder einen Tropfen Quecksilber auf eine Stahlplatte legt und diese langsam neigt. Bis der Tropfen sich zu bewegen beginnt, ist der Winkel an der vorderen Randlinie, also dort, wo die Flüssigkeit mit dem Festkörper noch nicht in Berührung stand — man spricht vom Vorrückwinkel ϑ_V — deutlich größer als der Rückzugswinkel ϑ_R an der der Bewegungsrichtung abgekehrten Seite (s. Abb. 73). Das gleiche Phänomen nimmt man wahr, wenn man einen Tropfen durch Aussaugen verkleinert und dann wieder auffüllt (s. Abb. 74). Der alltäglichen Erfahrung bietet sich die Randwinkelhysterese bei Regenwetter

Abb. 73. Randwinkelhysterese am schräg liegenden Tropfen

an (fettigen) Fensterscheiben; bei Fehlen der Hysterese würden die Regentropfen nicht hängen bleiben, sondern stets sofort ablaufen. Man kann das erreichen, wenn man das Glas mit Chromschwefelsäure und destilliertem Wasser gründlich von allen oberflächlichen Verunreinigungen befreit.

Abb. 74. Aussaugen liegender Tropfen mit und ohne Hysterese

Als Maß der Randwinkelhysterese nimmt man den Unterschied $|\vartheta_V - \vartheta_R|$ zwischen Vorrück- und Rückzugswinkel. Dieser kann relativ große Beträge annehmen; Winkeldifferenzen von 40° sind keineswegs ungewöhnlich. Das Verschwinden dieses Unterschieds ist das Kriterium dafür, daß man echte Gleichgewichtsrandwinkel mißt. Gutes Polieren und sorgfältige Reinigung der Festkörperoberfläche und Entgasen im Vakuum sind zur Erreichung dieses Zieles dienlich.

Die Ursachen für das Auftreten der unter dem Sammelnamen der Hysterese zusammengefaßten Erscheinungen sind vielfältig und von recht verschiedener Art. Zu nennen sind in erster Linie Rauhigkeiten auf und Spannungen in der Festkörperoberfläche, Porosität, Adsorptionsschichten sowie Einflüsse des polykristallinen Charakters vieler, etwa metallischer und mineralischer, Festkörperoberflächen. Den Einfluß adsorbierter (Gas-) Schichten beobachtet man leicht, wenn man eine Oberfläche aus Eisen einmal durch Brechen in Luft und einmal durch Brechen unter Quecksilber herstellt; die unter Quecksilber hergestellte Fläche ist, unmittelbar nach ihrer Herstellung, deutlich besser benetzbar als die an Luft bereitete. Wie starkporige Struktur der Oberfläche mit Lufteinschlüssen den Randwinkelwert nach oben verschieben kann, zeigt das Beispiel der Entenfedern, bei denen der dem reinen Material zukommende Randwinkelwert von etwa 90° auf 150° erhöht wird; dadurch wird deren Benetzbarkeit fast auf den Wert Null reduziert.

Kristalline Stoffe zeigen ausgeprägte Anisotropie des Randwinkels, indem dessen Größe auf verschieden indizierten Flächen des gleichen Kristalls verschieden ist, so daß ein Tropfen der gleichen Flüssigkeit z.B. auf der Würfelfläche eines Alauns einen spitzen, auf der Rhombendodekaeder und Oktraederfläche einen stumpfen Winkel ausbildet (s. Abb. 75). Diese Anisotropie

Abb. 75. Anisotropie des Randwinkels auf verschiedenen Flächen eines Alauns

kann bei polykristallinem Material, wenn bei diesem verschieden indizierte Flächen nebeneinander in der Oberfläche der (polierten) Festkörper zu Tage liegen, ebenfalls die Ursache für das Auftreten von Hysterese sein.

Systematische Angaben über die Größe der Randwinkel und ihre Abhängigkeit von der Natur der beteiligten Stoffe können in Anbetracht der Unsicherheiten, mit denen fast alle der zahlreichen älteren Messungen noch behaftet sind, noch nicht gemacht werden.

Einige Werte gibt die umseitige Tabelle. Molekularphysikalisch ist die Ausbildung konstanter stoffspezifischer Randwinkel als die Ausbildung von Gleichgewichtsformen an den Grenzen von Flüssigkeit und Festkörper ähnlich zu verstehen, wie die Ausbildung stabiler Flächen und konstanter charakteristischer Winkel an Kristallen.

Flüssigkeit	Festkörper	Randwinkel
Wasser	Paraffine	105°
	Polyäthylen	94°
	Kohle	40°
	Platin	0°
	Glas	0°
Quecksilber	Stahl	154°
	Glas	140°
	NaCl	115°
Fette	Wolle	0°

Grenzen an einen Festkörper zwei sich ihrerseits in gemeinsamer Grenzfläche berührende (miteinander nicht mischbare) Flüssigkeiten, so ist der Winkel $\vartheta_{ff's}$ ihrer Grenzfläche gegen den Festkörper (Abb. 76) innerhalb derjenigen der beiden Flüssigkeiten spitz, für welche die Benetzungsspannung $\sigma_s - \sigma_{sf}$ gegen die Wand am größten ist.

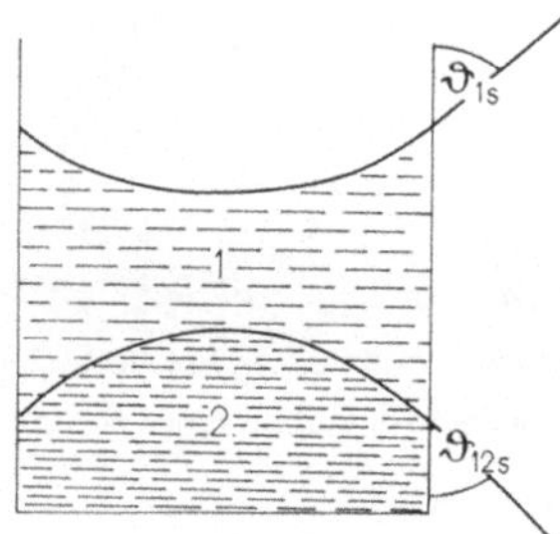

Abb. 76. Randwinkel an Grenzfläche fest-flüssig-flüssig

Vom Randwinkel hängt es ab, ob kleine (spezifisch schwere) feste Körper auf der Oberfläche von Flüssigkeiten liegen bleiben („schwimmen“) oder ob sie ins Innere der Flüssigkeit absinken. Voraussetzung dafür, daß sie schwimmen, ist, daß sie nicht benetzt werden, d.h. daß der Randwinkel zwischen ihnen und der Flüssigkeit entschieden größer ist als Null Grad. Je größer der Randwinkel ist, um so stärker ragen die Teilchen aus der Oberfläche und um so schwerere Stücke sind schwimmfähig. Scharfe Kanten begünstigen, weil sie dem Randwinkel mehr Spielraum lassen, das Schwimmen. Diese Erscheinungen, die etwa an einer gefetteten Nähnadel auf Wasser beobachtet werden oder auch an Insekten, die sich wie die weitverbreiteten Wasserläufer (Hydrometra, Gerris, Velia, Pirata, Gyrinus und andere Gattungen) auf der Oberfläche natürlicher Gewässer bewegen, sind so zu begreifen, daß die Oberflächenkräfte bei endlichem Randwinkel, d. h. bei mangelnder Benetzung, der Wirkung der Schwerkraft zu widerstehen vermögen, sofern nur das Verhältnis von Oberfläche zu Volumen der Teilchen hinreichend groß ist. Wird ein auf diese Art schwimmender Körper erst einmal unter die Oberfläche gebracht, so kann er von selbst nicht mehr auftauchen, nimmt er aber beim Untertauchen eine an ihm haftende Gasblase mit, so kann ihn diese, wenn sie groß genug ist, wieder hochtragen; einmal oben, bleibt er wieder dort.

Auf diesem Verhalten beruht das als Flotation bezeichnete technische Verfahren der Schwimmaufbereitung von Mineralien und Erzen; auch bei diesem kommt die kantige Struktur der zu flotierenden Teilchen dem zu erstrebenden Effekt zugute.

Wie auf freien Oberflächen können feste Teilchen auch in der Grenzfläche zweier Flüssigkeiten sich aufhalten. Diesen Umstand machen sich gewisse Amöbenarten beim Schalenbau zunutze. Die Amöbe steuert durch Änderung der Oberflächenspannung ihres Protoplasmas dessen Randwinkel gegen eingeschlossene, vorher aufgenommene Sandkörnchen so, daß diese in die Grenzschicht des Protoplasmas übergehen, wo sie dann mit bereits vorhandener Kittsubstanz zur festen Schale erstarren.

c) Kontaktwinkel zwischen Flüssigkeiten

Im Anschluß an die Betrachtung des Randwinkels fest-flüssig gehen wir jetzt zu dem Fall über, daß die Flüssigkeit f nicht an einen Festkörper s, sondern an eine zweite, mit ihr nicht mischbare Flüssigkeit f' grenzt. Da in diesem Falle die spezialisierende Bedingung $\alpha = 180°$ wegfällt, ist die Randlinie nicht mehr so starr festgelegt. Anstelle des Randwinkels ϑ_{sf} der Gl. (18) tritt der diesem analoge Kontaktwinkel $\varphi = 2\pi - (\alpha + \beta)$ der Gl. (19), den man, wie Abb. 77 erkennen läßt, mit Hilfe des aus den Strecken σ_f, $\sigma_{f'}$ und $\sigma_{ff'}$ gebildeten „Neumannschen Dreiecks“ durch

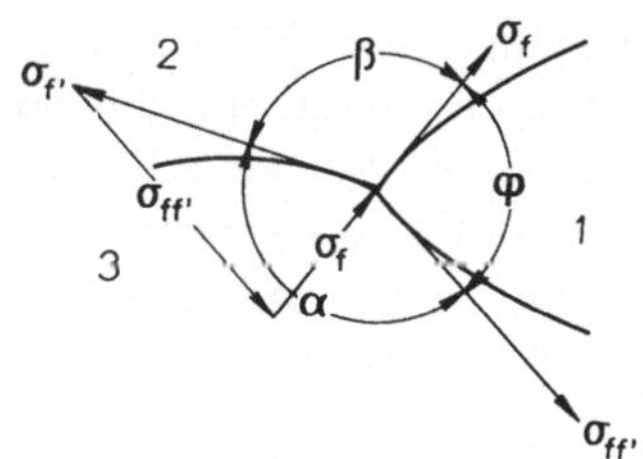

Abb. 77. Neumannsches Dreieck

Parallelverschiebung der Strecke $\sigma_{ff'}$ bis zur Randlinie in einfacher geometrischer Weise konstruieren kann.

Die Messung des Kontaktwinkels φ ist kaum mit den durch Winkelhysterese bedingten Schwierigkeiten belastet; sie ist indes insofern fast noch problematischer, als die Flüssigkeiten, auch wenn sie in großen Konzentrationsbereichen nicht miteinander mischbar sind, doch stets eine gewisse gegenseitige Löslichkeit besitzen; diese reicht oft schon hin, ihre Oberflächenspannung erheblich gegenüber derjenigen der chemisch reinen Flüssigkeit zu erniedrigen. Man muß also, da durch den Lösungsvorgang Zeitabhängigkeiten ins Spiel kommen, entweder aus Messungen der Zeitabhängigkeit von φ auf die Zeit Null, zu der die Berührung hergestellt wurde, extrapolieren oder man muß die Flüssigkeiten vorher miteinander sättigen. Man erhält dann zwei verschiedene Ergebnisse, deren erstes den Kontaktwinkel zwischen den reinen Flüssigkeiten, deren anderes denjenigen zwischen ihren gegenseitig gesättigten Lösungen erfaßt. Dabei ist im zweitgenannten Fall wegen der u. U. starken Temperaturabhängigkeit der Löslichkeiten mit erhöhter Temperaturempfindlichkeit des Phänomens zu rechnen.

Wir wenden uns nunmehr — analog zu den obigen Überlegungen über aufschwimmende Festkörperteilchen — dem Verhalten eines auf einer anderen Flüssigkeit schwimmenden Tropfens zu. Dieser stellt auf seiner Unterlage einen kreisrunden linsenförmigen flüssigen Körper (Abb. 70) mit dem Kontaktwinkel φ an seiner Peripherie dar. Dabei existieren solche schwimmenden Tropfen wiederum auch dann, wenn ihr spezifisches Gewicht größer als dasjenige der Trägerflüssigkeit, sofern nur die Oberflächenspannung dieser hinreichend groß und der Tropfen hinreichend klein ist. So können z. B. kleine linsenförmige Tropfen von Tetrachlorkohlenstoff oder von Quecksilber, wenn dieses mit Chromschwefelsäure und Alizarinrot gereinigt ist, auf Wasser liegen. Die Winkelverhältnisse werden durch Gl. (20), Eintauchtiefen und Tropfenprofil im übrigen durch die beiderseitigen Dichten mitbestimmt.

Ein bei gegebener Kombination zweier Flüssigkeiten in den Bereich zwischen 0° und 180° fallender Kontaktwinkel kann durch Zugabe grenzflächenaktiver Stoffe, d. h. solcher Stoffe, welche bereits in kleinster Menge die Oberflächenspannung einer Flüssigkeit stark herabsetzen, verändert werden, und zwar in dem Sinne, daß

a) die Linse, indem σ_f verkleinert wird, entsprechend abnehmenden Wert von φ größer und flacher wird oder

b) die Linse, wenn $\sigma_{f'}$ (s. Abb. 70) durch Aufbringen oberflächenaktiven Stoffes auf die Unterlage verkleinert wird, entsprechend vergrößertem Winkel φ kleiner und dicker wird. Beides läßt sich im einfachsten Versuch demonstrieren:

1. Wir bringen einen mit Kaliumpermanganat schwach angefärbten Wassertropfen auf Tetrachlorkohlenstoff, so daß der Wassertropfen auf diesem schwimmt. Geben wir jetzt mit Hilfe eines schwach mit Octanol oder Olivenöl befeuchteten Glasstabes etwas von dem grenzflächenaktiven Stoff auf das Wasser, so daß dessen Oberflächenspannung verringert wird, so wird der Randwinkel augenblicklich kleiner, der Tropfen flacher und größer. Das gleiche kann an einem Wassertropfen auf Cyclohexan gezeigt werden.

2. Wir bringen einen Tropfen Cyclohexan auf Wasser und erniedrigen wiederum die Oberflächenspannung des — nunmehr aber die Unterlage bildenden — Wassers. Der Tropfen wird augenblicklich dicker und kleiner im Durchmesser.

Für den Fall, daß φ kleiner als Null würde, tritt volle Benetzung ein; der Tropfen löst sich, indem die Flüssigkeit über die Unterlage spreitet, auf.

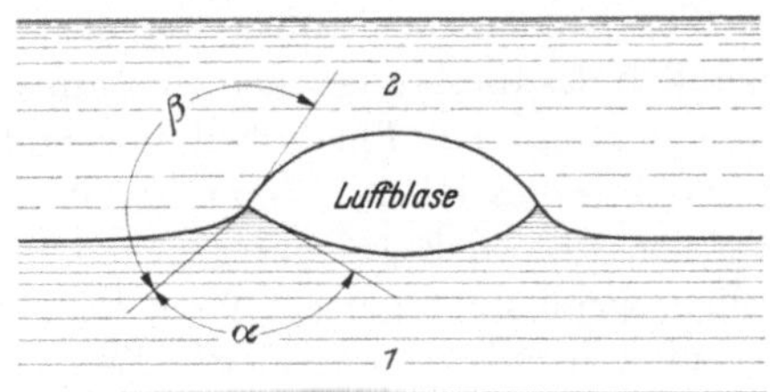

Abb. 78. Luftblase zwischen zwei Flüssigkeiten

Gleichsam das Gegenbild des schwimmenden Tropfens ist die Luftblase an der Grenze zweier nicht mischbarer Flüssigkeiten (s. Abb. 78), z.B. zwischen Wasser und Anilin. Für sie gilt bei sinngemäßer Vertauschung der Bezeichnungen

$$\sigma_{ff'} = \sigma_f \cos(\pi - \alpha) + \sigma_{f'} \cos(\pi - \beta)\,. \qquad (20\,\mathrm{a})$$

d) Verallgemeinerung und weitere Auswahlprinzipien

Die Schreibweise der Gln. (20) und (21) der Neumannschen Regel gilt für die Kombination zweier Flüssigkeiten bei überstehendem Dampfraum. Denkt man sich diesen durch eine dritte Flüssigkeit ersetzt, so nimmt die Neumannsche Regel in der symmetrischen Schreibweise der Gl. (21) bei folgerichtigem Ersatz der Oberflächenspannungen σ_f und $\sigma_{f'}$ durch die an deren Stelle tretenden Grenzflächenspannungen und zyklischer Zählung der Winkel, derzufolge $(\alpha + \beta)$, α und β durch α_{23}, α_{31} und α_{12} ersetzt werden, die allgemeinere Form

$$\frac{\sigma_{12}}{\sin\alpha_{23}} = \frac{\sigma_{23}}{\sin\alpha_{31}} = \frac{\sigma_{31}}{\sin\alpha_{12}} \tag{22}$$

an. Diese Gleichung kann durch Erweiterung auf mehr als drei Flüssigkeiten formal fortgesetzt werden. Sie geht dann in die noch allgemeinere Form

$$\frac{\sigma_{12}}{\sin\alpha_{23}} = \frac{\sigma_{23}}{\sin\alpha_{34}} = \frac{\sigma_{34}}{\sin\alpha_{45}} = \cdots = \frac{\sigma_{n1}}{\sin\alpha_{12}} \tag{23}$$

über. Wie weit dieser Gleichung im Bereich kompakter Flüssigkeiten praktische Bedeutung zukommt, wäre noch zu untersuchen. Uns interessiert hier ihre Anwendung auf den Fall des Zusammentreffens von Flüssigkeitslamellen in gemeinsamen Kanten. Diesbezügliche systematische Beobachtungen liegen, soweit es sich um die Kombination von aus verschiedenen Flüssigkeiten gebildeten Lamellen handelt, noch nicht vor. Dagegen konnten wir oben hinsichtlich des diesbezüglichen Zusammentreffens von Lamellen aus der stets gleichen Flüssigkeit eine Fülle von Beobachtungen machen. Für diesen Fall besagt Gl. (23), da jetzt alle σ_{ik} untereinander gleich sind, daß aus der gleichen Flüssigkeit bestehende Lamellen, wenn sie in gemeinsamer flüssigen Kante zusammentreffen, untereinander lauter gleiche Winkel der Größe $2\pi/n$ bilden sollten. Danach wären z. B. sowohl Formen nach Art der Abb. 29 wie nach Art der Abb. 30 in gleicher Weise möglich. Da sich aber, wie wir oben durch viele Versuche zeigen konnten, nur für $n = 3$ stabile Lamellenkörper mit Kantenwinkeln von $2\pi/3$ oder 120° bilden, bedarf die Neumannsche Regel offenbar noch der Ergänzung durch ein die Gl. (21) auf die Zahl $n = 3$ einschränkendes Prinzip. Dieses hat, im Anschluß an die frühen Versuche von PLATEAU über die Formen flüssiger Körper, bereits in den Jahren 1865 und 1867 E. LAMARLE in zwei Abhandlungen der belgischen Akademie der Wissenschaften in umständlich-geistreicher Weise auf etwa 150 Folioseiten abgeleitet. Eine kurze Wiedergabe dieser Ableitung ist, auch in einer 1941 durch COURANT und ROBBINS gegebenen einfacheren Form, nicht möglich. Bei der zentralen Bedeutung derselben soll über den Vergleich mit ebenfalls auf Minimalprinzipien zurückgehenden einfacheren Fällen abschließend der Lamarlesche Gedankengang wenigstens im Grundsätzlichen dem Verständnis nahe gebracht werden.

Wenn ein Lichtstrahl an einer spiegelnden Oberfläche reflektiert wird derart, daß er von einem Punkt A außerhalb der Spiegelfläche zu einem Punkt B außerhalb derselben gehen soll, so geschieht das nach dem Prinzip des kürzesten Lichtweges. Dieser ist immer dann gegeben, wenn der Einfallswinkel des Strahls auf den Spiegel gleich seinem Ausfallwinkel ist. Wenn ein Lichtstrahl von einem Punkt A in *einem* Medium zu einem Punkt B in einem angrenzenden Medium, also etwa aus Luft in Wasser geht, so wählt er auch hier den (zeitlich) kürzesten Weg. Dieser ist jetzt stets dann gegeben, wenn der Sinus des Einfallswinkels α sich zu dem Sinus des Austrittswinkels β verhält wie der Quotient der Brechungsindices beider Stoffe, so daß also, unabhängig davon, unter welchem Winkel man den Strahl einfallen läßt, für die gleichbleibende Kombination zweier Stoffe die Beziehung $\sin\alpha/\sin\beta = \text{konstant}$ gilt.

In ähnlicher Weise wie diese zwei grundlegenden Gesetze der geometrischen Optik beruht auch die Lamarlesche Ableitung letzten Endes auf einem Minimalprinzip. Man versteht es vielleicht am ehesten durch den Hinweis auf die Lösung des folgenden, auf den Mathematiker J. STEINER zurückgehenden Problems:

Gegeben seien vier Orte A, B, C und D. Gefragt ist, wie man eine sie alle verbindende Straße so anlegen kann, daß die insgesamt zu bauende Wegstrecke möglichst kurz wird. Die Lösung dieser Frage ergibt, daß unserer Minimalforderung dann Rechnung getragen wird, wenn sich je drei Teilstrecken nach Art von Abb. 79 unter Winkeln von 120° schneiden. Die Ähnlichkeit mit dem vorliegenden Problem der Lamellenkombinationen ist unmittelbar deutlich. Denken wir uns die Lamellen in die Ebene projiziert, so ist, wenn die gesamte Oberflächenenergie minimal sein soll, offenbar, daß das dann der Fall sein muß, wenn alle Lamellen unter Winkeln von 120° zusammenstoßen. In dieser Weise sind die beiden über die Forderungen der Neumannschen

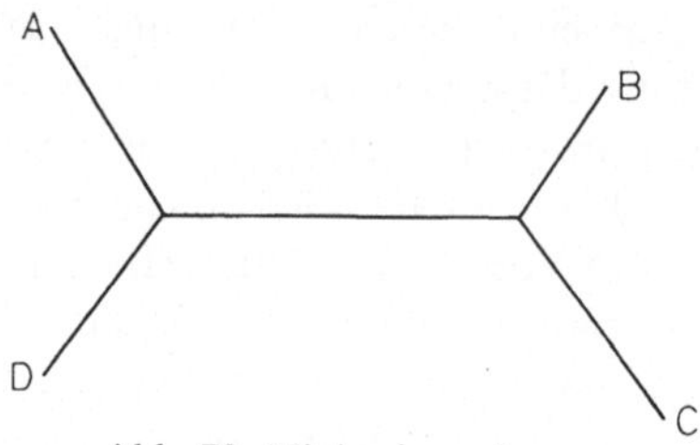

Abb. 79. Minimalanordnung

Regel hinausgehenden und sie ergänzenden Sätze von Lamarle zu verstehen, die zusammen mit dieser und mit der Gauß-Laplaceschen Gleichung die Formen flüssiger Körper vollständig zu beschreiben gestatten. Ist deren Zahl auch — anders als bei den kristallin-festen Körpern — unbeschränkt groß, so sind sie doch, ebenso wie diese, diskontinuierlich voneinander unterschieden und ebenso wie sie wohldefiniert, wohlgeordnet und schön.

Abbildungsnachweis

Abb. 1 aus KLEBER, W. (Hrsg.) Die Welt der Kristalle. Berlin: Verl. Technik 1959

Abb. 56 aus ADAMSON: Phys. Chem. of Surfaces, 2. Ed. London-New York: 1967

Abb. 66a u. b, 67 u. 68 sind entnommen der Zeitschrift Tenside, Bd II, H 9. München: Hanser Vlg. 1965

Weitere Abbildungen sind entnommen aus WOLF, K. L.: Physik und Chemie der Grenzflächen, Bd. 1 (1957), Bd. 2 (1959). Berlin-Göttingen-Heidelberg: Springer.

Namen- und Sachverzeichnis

Herstellung: Konrad Triltsch, Graphischer Betrieb, Würzburg